图书在版编目(CIP)数据

室内设计师. 42，景观建筑 / 《室内设计师》编委会编. — 北京：中国建筑工业出版社，2013.8
ISBN 978-7-112-15634-4

Ⅰ. ①室… Ⅱ. ①室… Ⅲ. ①室内装饰设计 – 丛刊② 室内装饰设计 – 景观设计 Ⅳ. ① TU238-55

中国版本图书馆 CIP 数据核字 (2013) 第 163934 号

室内设计师 42
景观建筑
《室内设计师》编委会 编
电子邮箱：ider2006@qq.com
网 址：http://www.idzoom.com

中国建筑工业出版社出版、发行（北京西郊百万庄）
各地新华书店、建筑书店 经销
上海利丰雅高印刷有限公司 制版、印刷

开本：965 × 1270 毫米 1/16 印张：11½ 字数：460 千字
2013 年 8 月第一版 2013 年 8 月第一次印刷
定价：40.00 元
ISBN978 - 7 - 112 - 15634 - 4
（24261）

目录

CONTENTS

一座古镇的苏醒：美国历史建筑保护侧记

撰　文 | 王受之

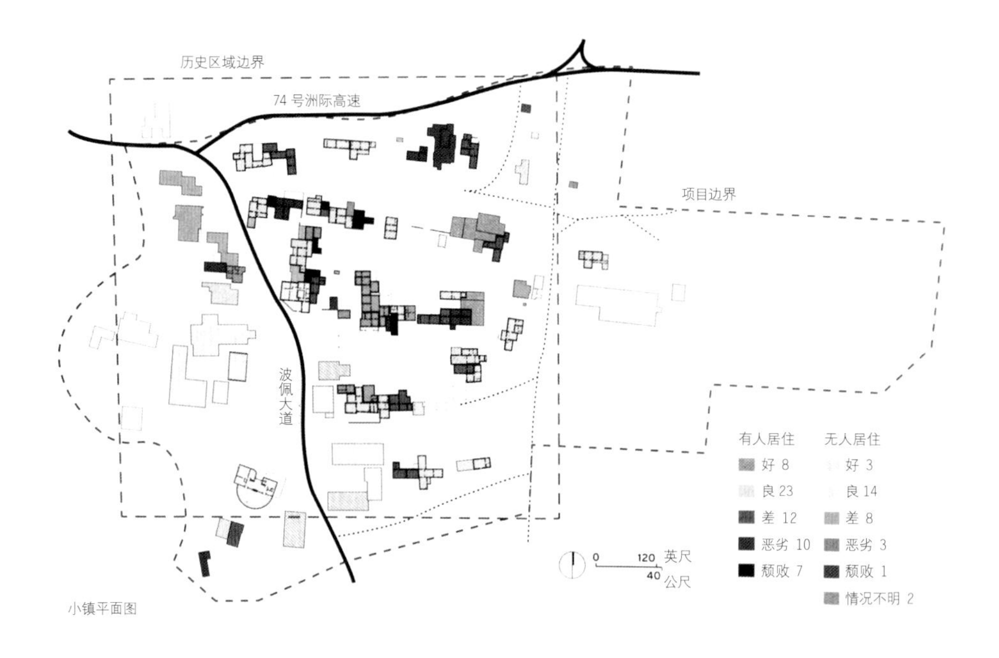

小镇平面图

最近流行推动旅游文化、旅游地产，古镇一下子变得炙手可热，山西平遥、安徽宏村、云南丽江、广东潮州都吸引了不少游客。因为多年失修，有些古镇过于破败，不得不重建部分或全部，比如云南丽江，经历几次地震，大部分建筑都倒塌了，在原建筑基础上按照木结构重建，倒也说得过去；不过我看到的旅游点建设方式，大多数是推倒古旧的，然后按照古镇样子重做一个，因此所谓的古镇基本是一个崭新的假古董，北京的前门、琉璃厂重建就属于这一类，这种做法，好在快，坏在拆，建好之后，旅游带动了，但是历史也荡然无存了。

去欧洲游玩，拥有几百年历史的古镇比比皆是，特别是意大利一带，超过千年的古镇也不少。很多人说破破烂烂，这就涉及对历史的一个基本态度了。历史本身就是古老的，如果看起来崭新就不是历史了，就像家里的老人太老了，难道要做一个整容手术让老人家看起来像个年轻人？古镇改造如果有这种嫌老思想，肯定是做不好的。

美国历史比中国短得多，肯定没有中国这样古老的镇，也正因为他们历史短暂，因此即便是几十年、几百年的镇子，也不轻易拆建，而是采用很精致的修复方法，一点点修改，并且最重要的是，在过程中保证镇里的原居民不离开。有居民的镇才有生命，这一点很值得我们好好学习。

在美国西南部有好多民宅，是在 18、19 世纪墨西哥时期建造的，有些更可能起于 16、17 世纪的西班牙时期。这里的建筑大部分是就地取材的“干打垒”建筑，也就是我们说的干晒泥砖建造的，墨西哥人叫做 adobe，用泥、稻草梗、水搅合，用木模压出，晒干就可以做建筑材料了。因为这片广阔的地区缺乏雨水，因此干打垒砖不会被冲倒，几十年、上百年、几百年的干打垒建筑在这一带屡见不鲜，也就成了美国西南部民居建筑一个最突出的特色。比如新墨西哥州著名的旅游、画廊小镇圣塔菲（Santa Fe）就是一个很好的例子，整个城市就是一个干打垒的建筑群，即便是新建造的旅馆、停车库，也遵循这个式样。城内泉水淙淙、杨柳青青，黄色的土砖建筑衬着蓝色的高原天空，颇有古风。每年吸引好多人来旅游、度假，有些艺术家干脆就住在这里，创作和生活，著名女画家乔治亚·奥基弗（Georgia Totto O'Keeffe）好像就是在这里住了一辈子的。

美国西南部高原上，这类小镇其实很多，在新墨西哥州、亚利桑那州开车，不时就会遇到一个，特别是在印第安人保留地内，很常见。如果从保护古迹的角度看，除了少数几个已经出名的干打垒小镇外，大面积的保护却不理想，因为这些干打垒建筑需要经常维护。如果本身没有太大的文物价值，从管理方便的角度来说，美国人往往将其改为混凝土框架结构，即便保持干打垒的形似，也仅仅是个“壳”而已。因而，少数几个具有文物价值的干打垒小镇的保护、维修、重建就吸引我们的注意力了。

新墨西哥州的古镇圣塔菲旁边有里奥格兰特河（Rio Grande River）流过，从这里往北，和另外一条在沙漠中蜿蜒的小河查玛河（the Chama River）交汇的地方，有一个非常小的著名的干打垒小镇 Ohkey Owingen，全部建筑都是用干打垒建成，位于一个印第安人保留地内。整个保留地占地面积 16 000 英亩，有六百年历史了，是受国家保护的历史古迹。美国的这类印第安人保留地都是得到国家法律保护的，不能够拆迁，也不能够开发房地产。这里原来是美国西南部的普韦布洛印第安人（Native

American Pueblo）一个部落的驻地，这个部落在此地定居了600多年，基本和外界没有什么接触，非常平静。我曾经在1990年代去圣塔菲的时候开车去过，表面上看起来完全荒废了，充其量是一个村而已，村庄过于凋敝，很多年轻人已经迁移出去了，冬天的寒风刮着骆驼刺在村里小广场上滚过，好像西部电影里面那种空无一人的村子一样。其实这个镇一直有一些普韦布洛部落的人在居住，人数估计在2000人左右，但是因为没有什么工作机会，人口持续下降，人口越少，村镇状况就越来越差，缺乏维护，破损的无钱修复，颓败的建筑物比比皆是，如果单凭本地人的能力，这个小镇迟早是会整个消失的。

美国联邦政府的住房与都市发展部（HUD）启动了一个整顿Ohkey Owingen的计划。这个计划很仔细，我们习惯的这类计划首先是全面规划，而他们的这个计划是保护居民、全村保护、逐步改建设施，没有旅游开发这一条，整个计划就是一个保护项目，没有市场经济的目的。这个计划的第一步是帮助村民回到村镇居住、工作，如果村镇没有人，就是死村，因此从居民抓起，才是重振古村的首要步骤。联邦政府出资整修古宅，并且以低廉的价格租给村民，然后再改造镇中心小广场。广场上好几家小商店、一家古老的砖石结构的教堂，通过这个计划都得以妥善地修整，重新启用。

这个项目倒很值得我们学习，因为我们现在所谓的修复古镇，基本是全部拆了，重新建造一个，基本是假镇换真镇的做法，省事，却也扼杀了历史细节。整个Ohkey Owingen古镇的重新设计、修复项目交给一家非常有经验的公司，叫做AOS（Arkin Olshin Schade Architects）。修复从2005年就开始了，最早是由墨西哥州历史遗迹保护委员会（the New Mexico Historic Preservation Division）投入启动金7500美元，注意：仅仅是7千多美元启动金而已。据这次统计，具有历史价值的建筑物有60栋，这些建筑都有人居住，包括20多个核心历史文化点。这些建筑结构已经破败得很严重，有些窗户脱落、部分倒塌，屋顶长满了植物，梁桁很多都腐烂了，其中有几栋建筑完全倒塌。有了政府这一小笔启动金，修复专家、建筑师开始一栋一栋修整，到2010年前后，他们已经修复了20来栋。古建筑没有办法大规模兴建，只能一栋一栋修整，因此需要耐心、持之以恒的政府支持，也需要村民的配合。在修复过程中，这个村的普韦布洛居民中的老人还志愿来担当顾问工作，告诉工作人员一些建筑当年的细节，便于更加准确地修复。

修复、整理Ohkey Owingen这个古老的印第安普韦布洛村镇的目的，不仅仅是修复一个村子，更重要的是重建这里的传统居住文化，让普韦布洛人重新在这里居住，过自己的生活，这个修复工作因而和我们国内看到的绝大多数修建“旅游文化村”大相径庭。在修建过程中，严格按照现有村落的住宅建筑布局，完全不拆建，原村落虽然凋零，但是依然有原住民居民，因而整个项目就是为了发扬这种居民的传统文化，继承文脉，使之发扬光大。最近去看这个

项目，的确很仔细，单是规划设计就做了25年，同时还细心地更换了整个镇的公共设施，比如地下管道、排水系统、煤气管道、电器管道的敷设，整个地下现在都是当代的设备支持。对整个项目，州政府有关遗产保护主管部门、旧城保护基金会、联邦政府的住宅与城市发展部至今一共投入了大约800万美元，因为这是一个需要时间慢慢修整、建设的历史镇子，因此每年投入不大，在于精工细活、细心打造，保证居民生活不受影响，最终完成古镇的更新。END

景观建筑：回归自然

撰　文 | 藤井树

人类原就是自然的一部分。在人与自然共生而又矛盾的漫长过程中，是自然教会了人如何节制发展，包括如何相地合宜、如何节约土地和水、如何理水筑路、如何配置植物……村后风水林、村前水塘、梯田……都是自古以来人与自然之间平衡的产物。

随着科技的不断发展，人类对自然的态度逐渐由“敬畏”转为“征服”。对建筑界而言，这在某种程度上带来了高效率，如极短时间内成就千篇一律的海量建筑，却也在人和自然间建起了一道“高墙”，人、建筑和自然之间的关系日益紧张。我们开始思念自然。自然极其复杂而多变，而建筑是固化的，如何处理好与自然的关系，营造更加生机勃勃的栖息环境，是建筑，尤其是景观建筑特别需要考虑的问题。

相比传统建筑学，景观建筑的设计范围更宽广，其特点是把景观分析（如造景、借景等景观设计手法）融入建筑设计中。景观建筑设计一般基于对场地（包括地势的天然情况及风景资源等）内在逻辑的分析和理解，建立与之匹配的规则与秩序，通过对现有地景的变形和转换，运用景观设计理念与生态技术，从而产生一种蕴含着场地自身内在逻辑的变化丰富的建筑形式及空间语言。同时，景观设计范畴中的如建筑与建筑、建筑与植物、建筑与人、人与植物等关系的处理，也是景观建筑所必须考虑的。能否及多大程度上与场地的自然生态环境及社会历史文化融为一体，或许是评判一个景观建筑是否设计成功的关键。

或者可以说，景观建筑本身就是同时对人的秩序，及周围自然秩序的提炼和转化，并更倾向于自然秩序，最终成形为景观大系统中的一个有机组成部分。景观建筑设计要求对自然及景观有更高的敏感性，善于在每块场地中寻求机遇，由于自然本身的无穷多样性，这无疑也是一个能够不断发现新事物、富有挑战性的无止境过程。END

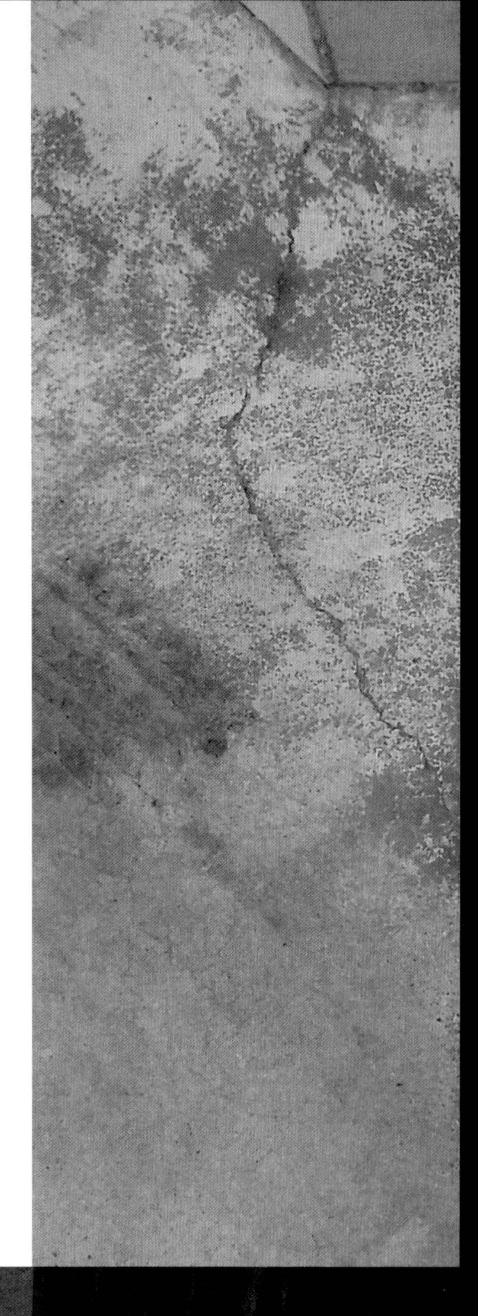

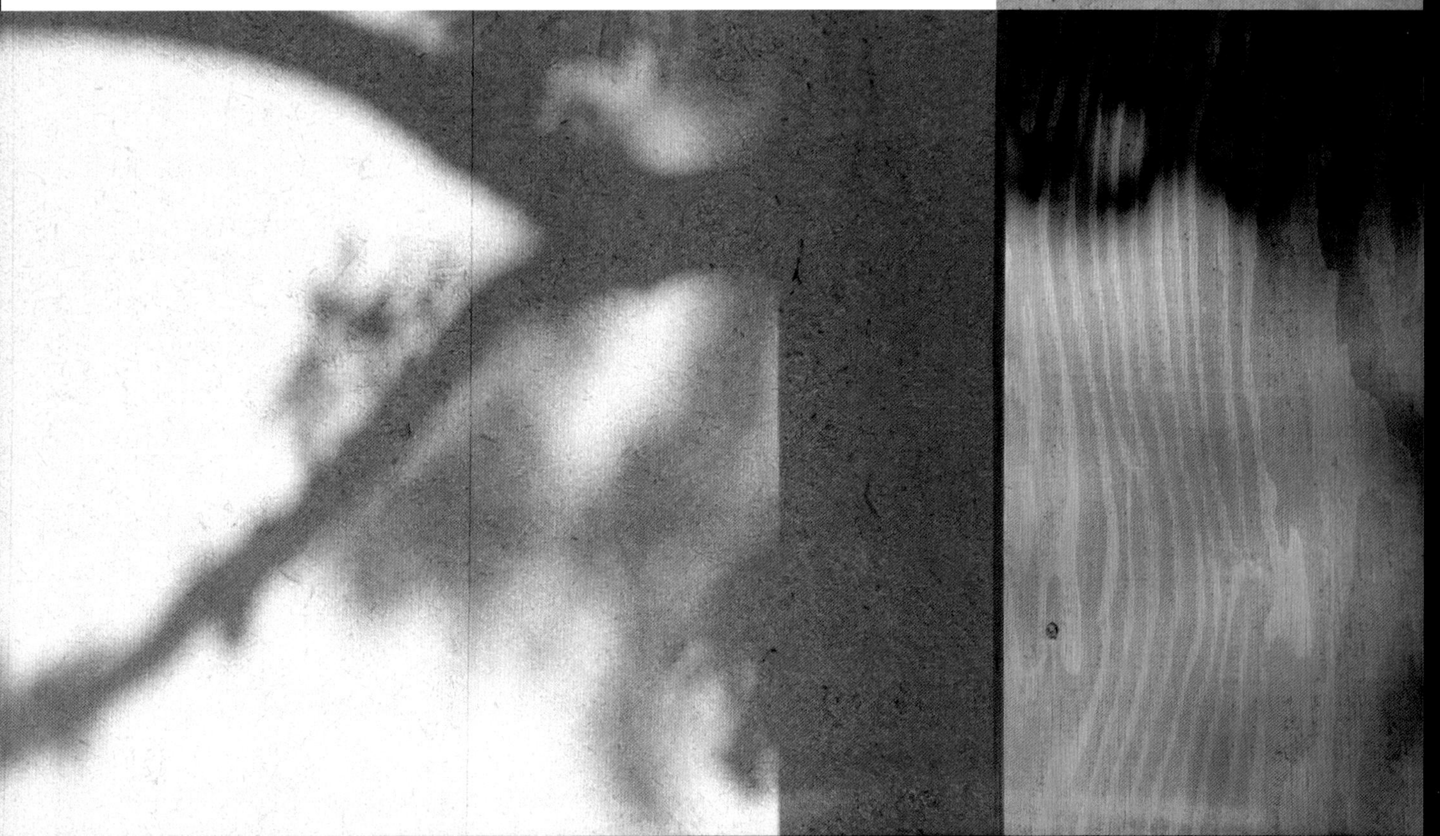

“上物溪北”民宿酒店

PLACID MOGAN RETREATS

撰 文	孔锐
摄 影	侯博文

地 点	浙江德清县莫干山镇南路村
建筑面积	1 055m²
建筑设计	孔锐，范蓓蕾（亘建筑工作室）
室内设计	贾少杰（上物溪北）
景观设计	王绚鹏（上物溪北）
建设单位	上物溪北
主要用材	青砖，小青瓦，小木模清水混凝土，毛石，金砖，草筋灰
设计时间	2011年11月～2012年6月
建造时间	2012年6月～2013年5月

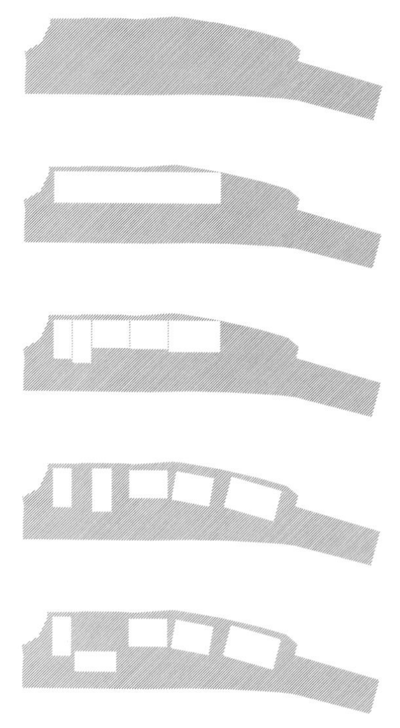

天目山余脉朝着东北方向的太湖一路延伸，就在将要过渡成为杭嘉湖平原之前，在浙江德清县境内留下一座海拔七百多米的山峰，这就是被称作“江南第一山”的莫干山。

“上物溪北”民宿酒店的基地就位于莫干山北麓一条谷间小溪北岸的乡村公路边，北靠茶园，南临竹山。业主希望经由建筑设计、室内设计和景观设计的协同工作，能在这里建造一处静谧的休憩之地。用地约有3亩，东西方向长120m，南北方向最宽处只有23m，基地内东低西高，高差将近3m。基地原址是溪北村小学，单层砖木结构的双坡顶校舍，靠北一字排开，南侧为活动场地，校园入口设在基地东侧。

基地所在的浙北山区，尽管多山，但山形并不陡峻；潮湿多雨，气候温润；植被覆盖率高，竹类尤其繁盛。建筑需要对这样的环境做出回应。首先，我们试图延续原有村小学颇具智慧的场地关系：建筑靠北呈线性布置，最大限度地保留南向室外场地；基地入口在东侧，此处标高较低，便于和外部道路联系。由于酒店建筑功能的多样性有别于原有校舍功能的单一性，因此我们将一个完整的体量沿长度方向切分成5个单体，单体之间拉开间距后，沿基地北侧边界分散布置，以期在满足功能多样性需求的同时，削弱建筑的体量感，由此形成北实南虚的图底关系。进而，为了使外部场地的层次更加丰富，我们将5个单体中的一个拉到基地南侧，以获得一南一北两个属性完全不同的外部场地，然后将被拉出的单体再旋转90°，以扩大北侧场地的进深，也提供一个更加生动的檐口立面（而非山墙立面）作为南侧场地的端景。

5栋单体，皆为青砖黛瓦双坡顶，综合考虑了瓦屋面构造要求，冬季积雪问题，以及对周围山形的呼应，最终确定了屋面的斜率。场地上由东往西，依次布置为服务与接待用房，餐饮用房，标间客房，及两栋独栋套间客房。由公共到私密的序列也对应了场地原始标高逐渐升起的序列。景观设计将一南一北两块室外场地做了梳理，面对山谷竹林的南侧场地，主要区域相对开阔而平整，成为前区公共用房的室外活动场地。同样位于南侧场地旁的标间客房，则通过对入户花园的设计，强化其领域性与私密性。而后区的两栋独栋套房，除了共享安静的北侧庭院之外，还拥有各自的南向独院。

在潮湿的山区，尤其在夏季，建筑的通风十分重要。尽管在总图关系上，建筑南北向布置已经为房间的自然通风提供了可能，但要使每间客房都具备南北通风的条件，对于集合式（相对于独栋而言）的客房设计仍是不小的挑战。首先是在流线组织上，为让二层的每间客房既拥有南北外窗又能保证房间的私密性，必须对传统的水平外廊式做调整。因为水平外廊，无论放在南或北，都会对客房造成严重干扰。一种做法是沿用外廊式，但增加垂直高差，降低入户前的动线标高，以减弱户外动线对于客房外窗造成干扰，同时降低标高的区域亦可成为半私密的共享空间，这种方式适用于当一层为大空间，二层客房必须从北向进入的情况。另一种情况是上下两层皆为客房，解决方式是引入与客房并置的垂直交通单元，使二层客房得以从东西向进入，保证房间没有来自南北向的干扰。垂直交通的休息平台则借用一层客房卫生间位置的屋面，利用高差形成丰富的外部空间。为了使房间拥有良好的通风效果，除了对于交通组织方式的考虑外，室内设计也做了一些突破性尝试，例如摈弃传统的隔间式卫生间做法，而采用了开放式设计，以家具和软装作空间分隔，既满足使用的需求，亦保证空间的通透。

在这个项目中，我们试图采用一些“新的方式”（区别于当地民间建造方式）来组织像青砖小瓦这样的手工化材料。比如结合立面门窗的模数，采用一种非“炫技”而更加贴近民居化的砌砖方式，既让大面积的砖墙具有了“细微”的尺度感，又使得每个门窗洞口的下口都“恰逢”丁砖，满足了窗台门槛的披水要求。

而对于像混凝土这样的工业化材料，则希望赋予其更多的“人文关怀”。例如，在服务与接待用房的东南角，有一个突出的体量，内部为艺术家工作室。因当时施工至此，整个建造过程已近尾声，工地上剩余了大量之前用于模板固定的松木板，宽度7~8cm不等，被当做建筑垃圾处理。我们将这些松木板表面处理之后重新拼成模板，用来浇筑艺术家工作室的墙体和顶棚，木纹被转印到混凝土上，让混凝土有了“表情”，而木板也藉此获得了“永生”。

除了回应各种使用需求而采取的必要的“异化”手段外，该项目中采用更多的还是一种“因循守旧”的处理方式，尤其是在室内设计和景观设计部分。室内设计的基本原则是通过强调材料自身的“物性”去强化建筑的空间特质，比如：直接露明的现浇混凝土室内顶棚，建筑的室内墙面批涂的“草筋灰”，回收再利用的旧木地板，附近土窑烧制的“金砖”，手工制作的木楼梯。而景观设计的部分，则更加注重对本地材料和工法的运用，以存续具有当地特色的手工技艺，例如石砌挡墙及手编竹篱。同时也尽量引种基地附近原生植物，以期尽可能地保持基地及周边环境的生态平衡。

“跟以前小学很像，校舍操场的位置都差不多，房屋造得好看，不是城里那种，以前上学也从这门口进去。”项目建成之后的某一天，有客来访，她是1979年从以前的溪北村小学毕业的，后来到了城里定居，听说以前的校舍要改建，担心造出怪物，于是特地回来看看，在她看完之后留下来前面的那段话。END

1 2 | 3
4

1 改造前场地原貌
2 空间组织分析：试图延续原有村小学颇具智慧的场地关系，同时满足酒店建筑功能的多样性并削弱建筑体量感，进而使外部场地的层次更加丰富
3 自北侧茶山俯瞰，建筑体镶嵌在山谷景观中，丝毫不显突兀
4 进入院落，小木模混凝土浇筑的艺术家工作室首先映入眼帘，视线拉远，屋顶坡度与山形相映成趣

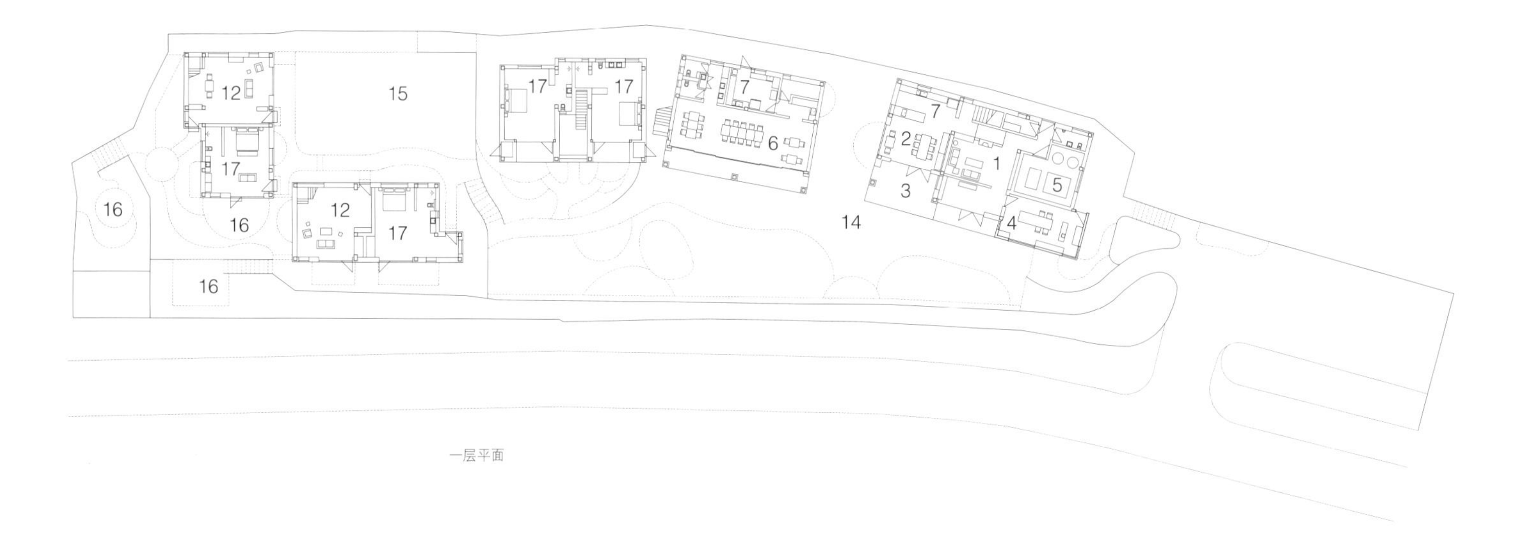

一层平面

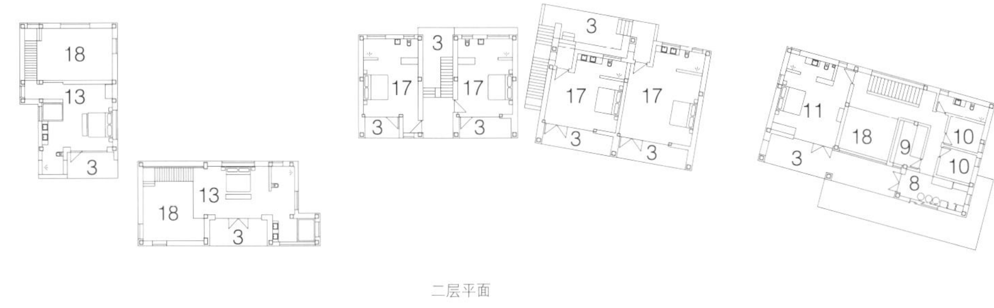

二层平面

1 平面图

2 青砖立面采用非"炫技"而更加贴近民居化的砌砖方式，更具细微的尺度感，又使得每个门窗洞口的下口都"恰逢"丁砖，满足了窗台门槛的披水要求

3 庭院提供了充裕的室外活动场地

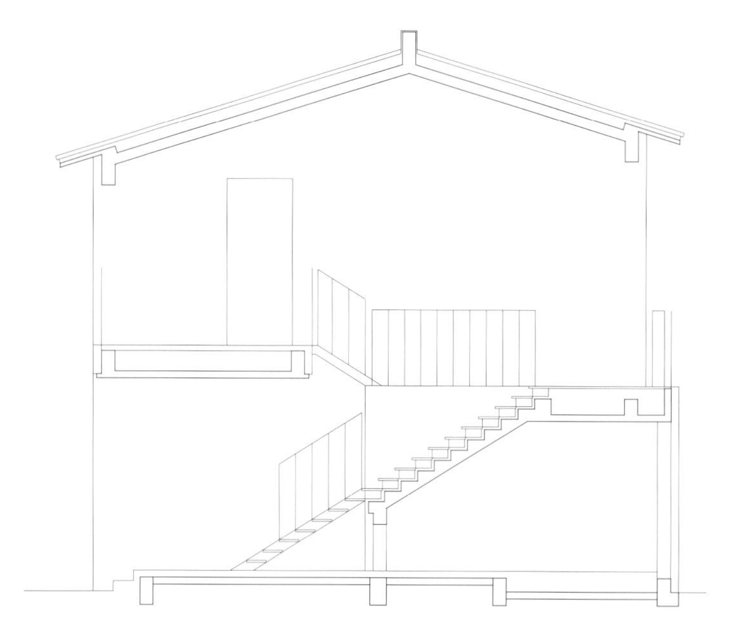

1 | 2
3 4

1 晚间，经过公路的旅人，可以望见民宿沉稳的剪影和温暖的灯光

2 剖面图

3 客房入口与外廊间设置垂直高差，以减弱户外动线对于客房外窗造成干扰，同时降低标高的区域亦可成为半私密的共享空间

4 楼梯空间亦可坐赏山景

1	2
3	4 5 6

1 阳台与檐口细部
2 从室内看向阳台，屋顶和山坡的线条与墙体围成屏幕，白云在蓝天的底色上上演变幻的剧目
3 客房，奢侈的两层通高起居空间
4 独栋套房，突破性的开放式设计 © 贾少杰
5 三色景窗
6 服务与接待用房一层公共活动空间及楼梯

香箱乡祈福村主题精品酒店

XIANGXIANGXIANG BOUTIQUE CONTAINER HOTEL

资料提供 | 同和山致景观设计有限公司

地　　点 | 山西省长治县天下都城隍景区西南角
基地面积 | 5 000m²
设计单位 | 同和山致
主设计师 | 姜波、孙杰
竣工时间 | 2012年6月29日

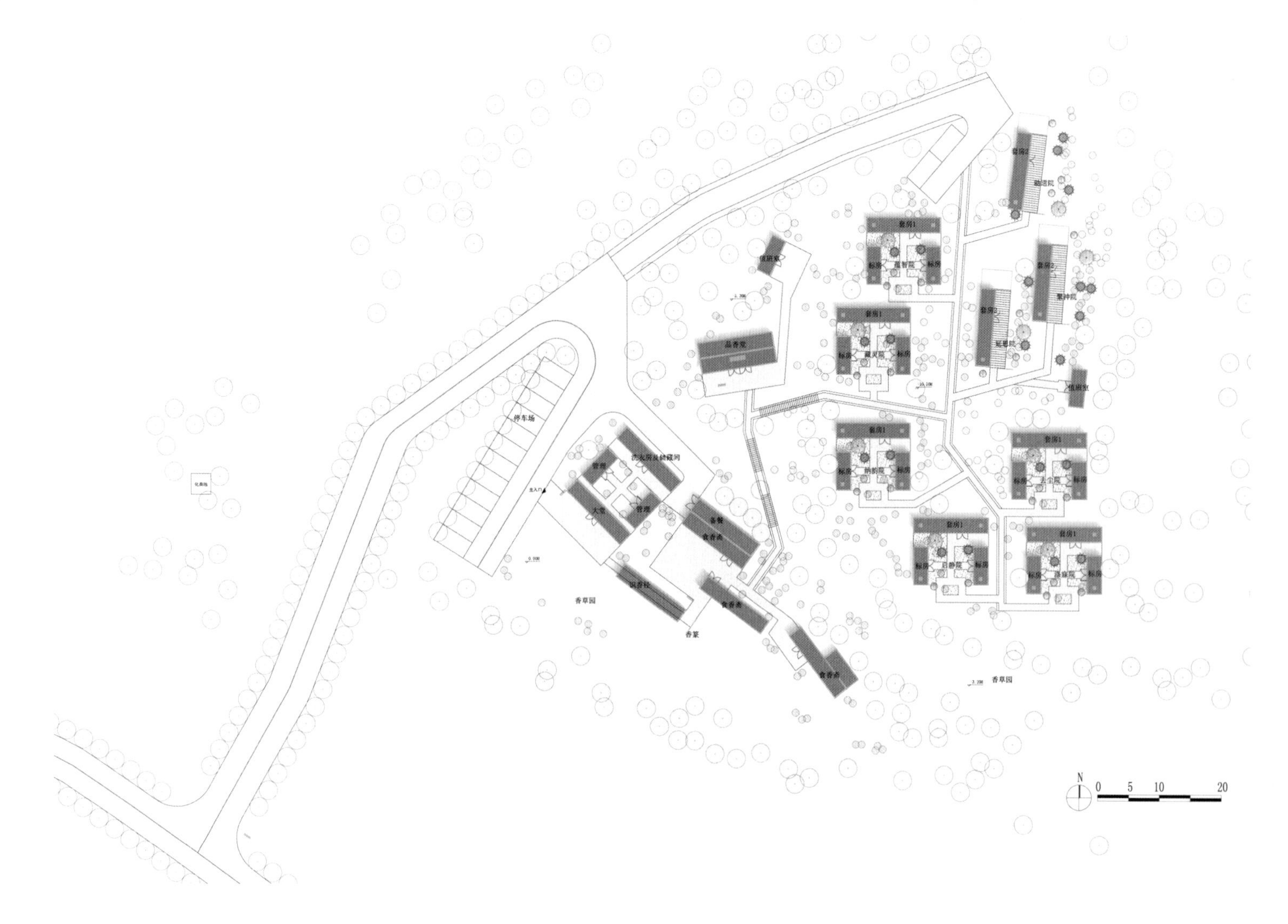

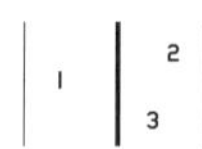

1 品香堂
2 总平面
3 大堂

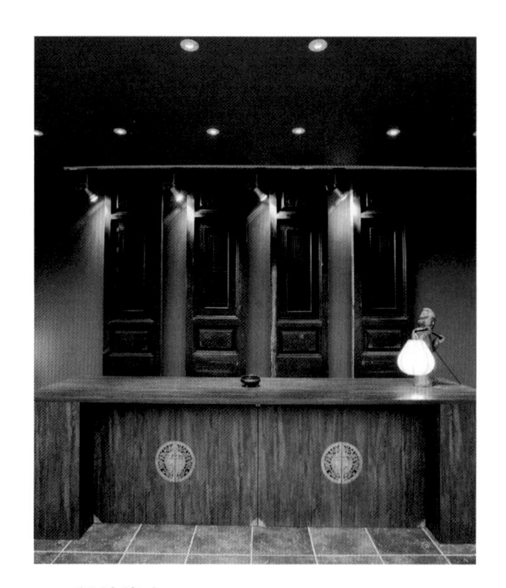

设计缘由

香箱乡祈福村是中国第一个由集装箱改造而成的香主题精品酒店，位于长治县天下都城隍旅游区西南角，属于天下都城隍福主题旅游区的重要服务接待区块。《九丘》中"香"字代表好运、钱财，《归藏易》中"香"字代表人缘、贵人缘。古代道家提倡用天然香供养诸神，可通天感神，上天入地得福报，拥福功，若掺杂、合污则相反。儒家以香为伴，是因为香气以甘、柔、清为根，易聚神，延思维增记忆，去浊入脾主思，寡欲忘己，与文学贯通，可助学业。佛教清香一炷，忘俗去尘，清心寡欲，因香能使人去贪、涤污、静心、通灵，是佛家参禅悟道的辅助品。古时文人读书焚香、品茗焚香、会客焚香、以香会友、以和香为乐，香风、香俗、香席、香事盛行，因"香蕴智、藏灵、纳韵、通天入地、启静助道、贯经脉、舒筋络，君子不可一日无香"。因此，"香"天然就是天下都城隍旅游区福主题的一种特别表现。

设计理念

酒店的命名"香箱乡"已点明了项目的3大特质：

一、香：香代表了酒店的主题形象和特色服务。一方面，住客能感受到酒店以都城隍为体（客房的布局、开窗朝向等），以香为用（客房的室内布置、装饰等）而营造的整体的祈福氛围；另一方面，酒店还为住客提供了更为定制化的"品香"服务。客房内根据客人的喜好或需求提供相应的天然熏香，睡床前悬挂香药香囊；品香堂每日定时或可预约开设古法香宴；酒店可为客人安排在城隍殿上头香的仪式等。

二：箱：即集装箱。整个酒店所有建筑空间全部由集装箱改造完成，箱体使用完全环保的水性漆喷涂，体现了酒店"与自然融合，不强加给自然太多负担"的建筑理念，同时也为住客提供了一种独特的空间和视觉体验。

三、乡：代表乡村。酒店规划沿袭了山西传统民居的合院式布局，并设置"寻香径"、"品香堂"等香事活动空间组，来承担传统村落中最为重要的祠堂、戏台等精神文化中心功能，这样就使传统的香文化和现代的集装箱建筑具有了本地化的地域特色，将主题、特色建筑更合理地落实在场地中。

空间营造

酒店所有功能空间共由35个集装箱改造而成，其中20尺箱17个，40尺箱18个，分别用作庭院客房、庭院套房、独立套院、大堂、食香斋餐厅、包房、品香堂及寻香径主题景观等。每个房间都为客人准备了定制的香炉、香具及香品，以供住客焚香冥想；每个房间或合院都以香之德命名，如蕴智、藏灵、纳韵、延思等，并配以手工雕刻的乌木门牌。极具标识性的集装箱外观、舒适古朴的新中式室内和家具设计、带有福与香主题的装饰元素，配以庭院景观和天下都城隍庙对景，构成整个香箱乡祈福村主题精品酒店的独特体验。END

1	3
2	4

1 延思院
2 鸟瞰夜景
3-4 食香斋餐厅

1	3
2	4

1 寻香径夜景
2 寻香径
3 套房天窗卧室
4 品香堂室内

Vista 别墅

VILLA VISTA

撰　　文　藤井树
摄　　影　Hiroyuki Hirai
资料提供　坂茂建筑设计

地　　点　斯里兰卡南部省Weligama镇
占地面积　32 648m²
建筑面积　825m²
建筑设计　坂茂建筑设计（欧洲）巴黎事务所（坂茂，Yasunori Harano）
当地合作单位　PWA ARCHITECTS（Philip Weeraratne,Ravindu Karunanayake, Manoj Kuruppu）
家具设计　坂茂建筑设计（欧洲）巴黎事务所（坂茂，Yasunori Harano,Marc Ferrand），Stem Lanka Pvt Ltd（Jacob Pringiers, Nick Top）
用　　途　当地商人的私人住宅
竣工时间　2010年4月

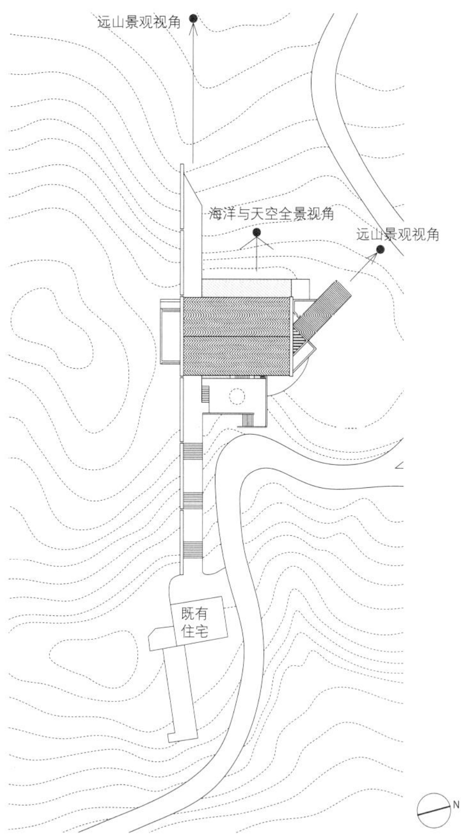

1 入口庭院
2 别墅位于面海的山顶
3 基地平面
4 建筑外观

在面海的山顶，vista 别墅通过在水平方向上的交叉布置，悬挑出的体量，地板、墙体和顶棚共同营造出了朝向海洋、丛林和悬崖等多样景观的不同视角。而建筑内部，过渡空间与外部空间相融，更创造了一个几乎完全开放的空间环境，楼梯和人行桥在建筑内不同体块间和开放平台上伸展开来，连接了各个功能空间，并使人的视线几乎畅通无阻。

vista 别墅在结构上可能很简单且易于建造，但坂茂充分利用了当地材料如柚木、水泥板和椰子树叶作建筑主要材料，并与当地建筑工人及特定工匠密切合作，使建筑拥有了更丰富的内涵。这些工匠会使用在日本并不切实可行的劳动密集型的加工技术，如水泥外墙是用手工磨光；可调节的百叶窗，每个都由手切的当地柚木条板构成，百叶窗阻挡强烈阳光及热量过多渗入室内的同时，自然空气和风依然能通过这些可穿透立面，在内与外间几无阻碍地对流；大屋顶，首先以轻质水泥板覆盖一遍，达到防水效果，再以椰子叶材料编织成面覆盖其上，这种椰子叶材料经常被当地建筑用作栅栏，不仅可用以阻拦强烈日照，还使建筑与当地氛围相融。顶棚则由一系列宽 80mm 厚 3mm 的柚木以一种枝编工艺手工编制而成，LED 灯隐藏其中。虽然出自一位非本地建筑师之手，但以上这些都使 vista 别墅轻易地与当地气氛很好地相融。END

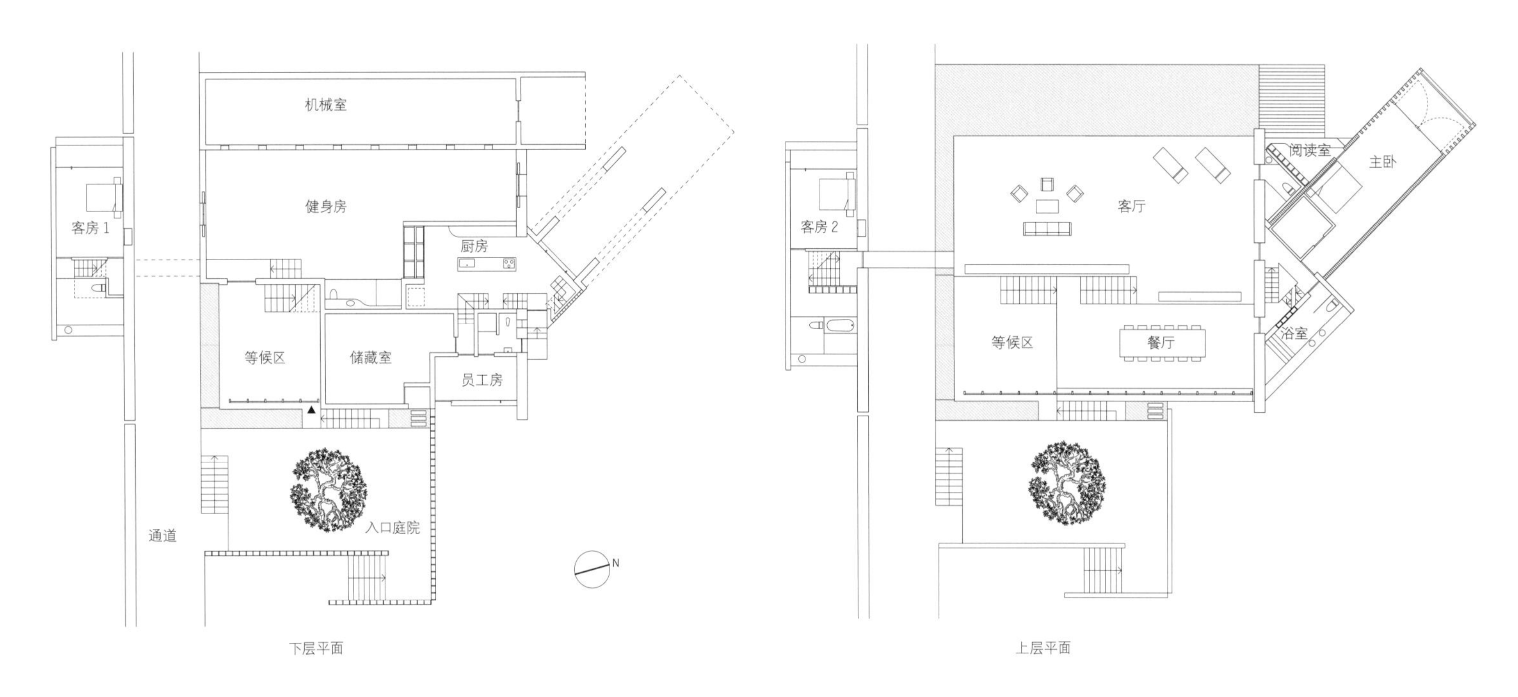

下层平面　　上层平面

1 2 3 4	5 6

1 平面图
2-5 过渡空间与外部空间相融，创造了一个几乎完全开放的环境
6 对当地材料的利用，使建筑与当地氛围更相融

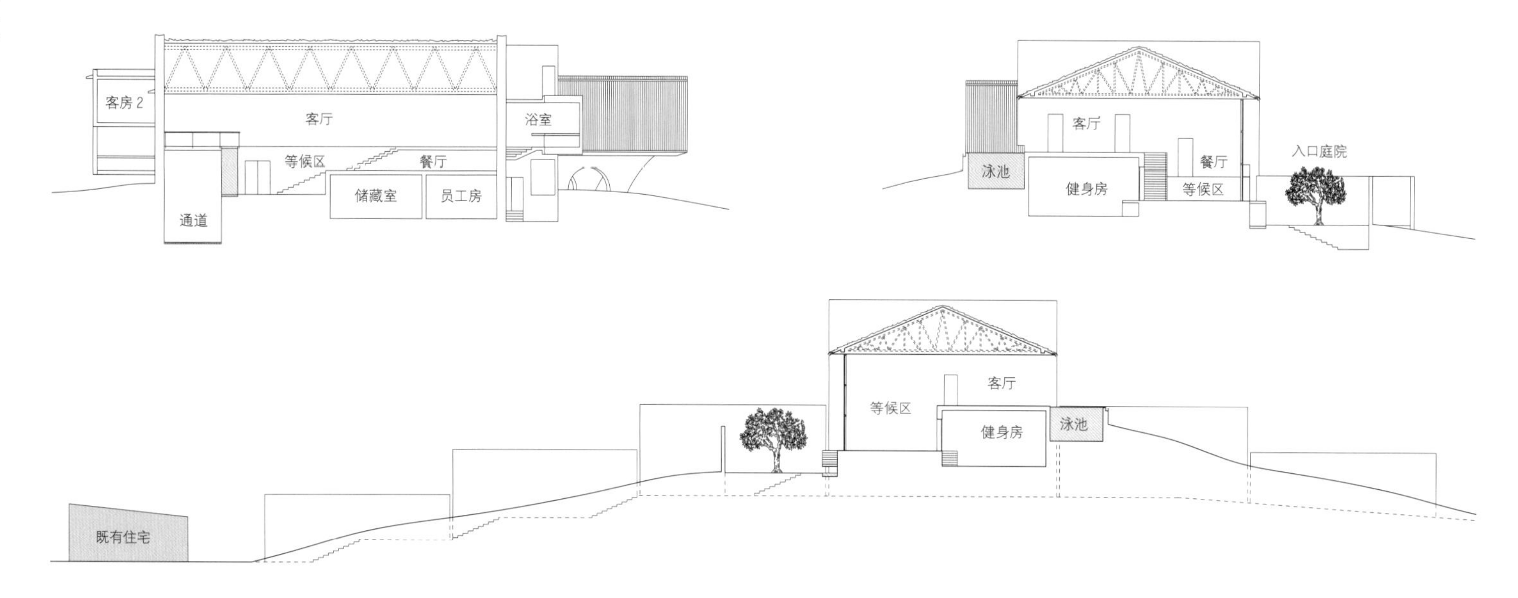

1	3 4
2	5

1 剖面图
2 客厅拥有海洋与天空全景视角
3 轴测图
4 主卧的景观视角
5 浴室

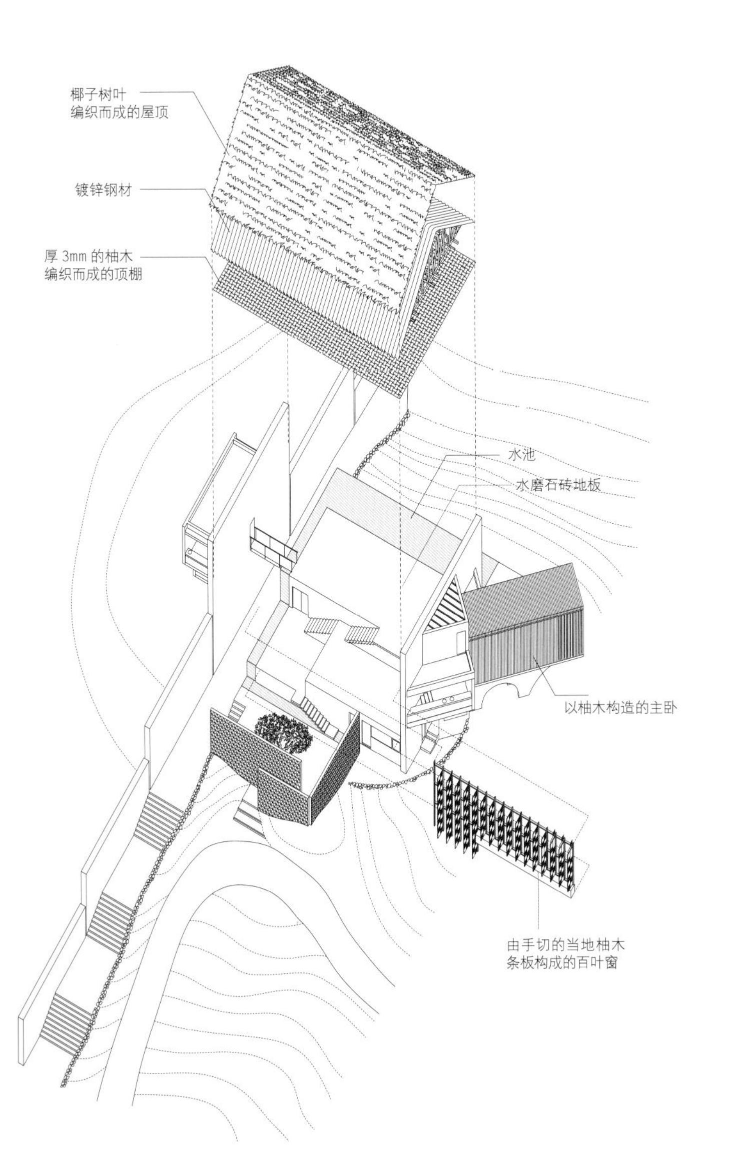
椰子树叶
编织而成的屋顶
镀锌钢材
厚 3mm 的柚木
编织而成的顶棚
水池
水磨石砖地板
以柚木构造的主卧
由手切的当地柚木
条板构成的百叶窗

Geo Metria 住宅

GEO METRIA

撰　　文 | 藤井树
摄　　影 | ken'ichi Suzuki
资料提供 | 原田真宏 + 原田麻鱼 / MOUNT FUJI ARCHITECTS STUDIO

地　　点 | 日本神奈川县
占地面积 | 429.40m²
建筑面积 | 123.95m²
设　　计 | MOUNT FUJI ARCHITECTS STUDIO
结　　构 | 木结构，部分为钢筋混凝土结构
设计时间 | 2010年1月~2011年3月
建造时间 | 2011年4月~2011年12月

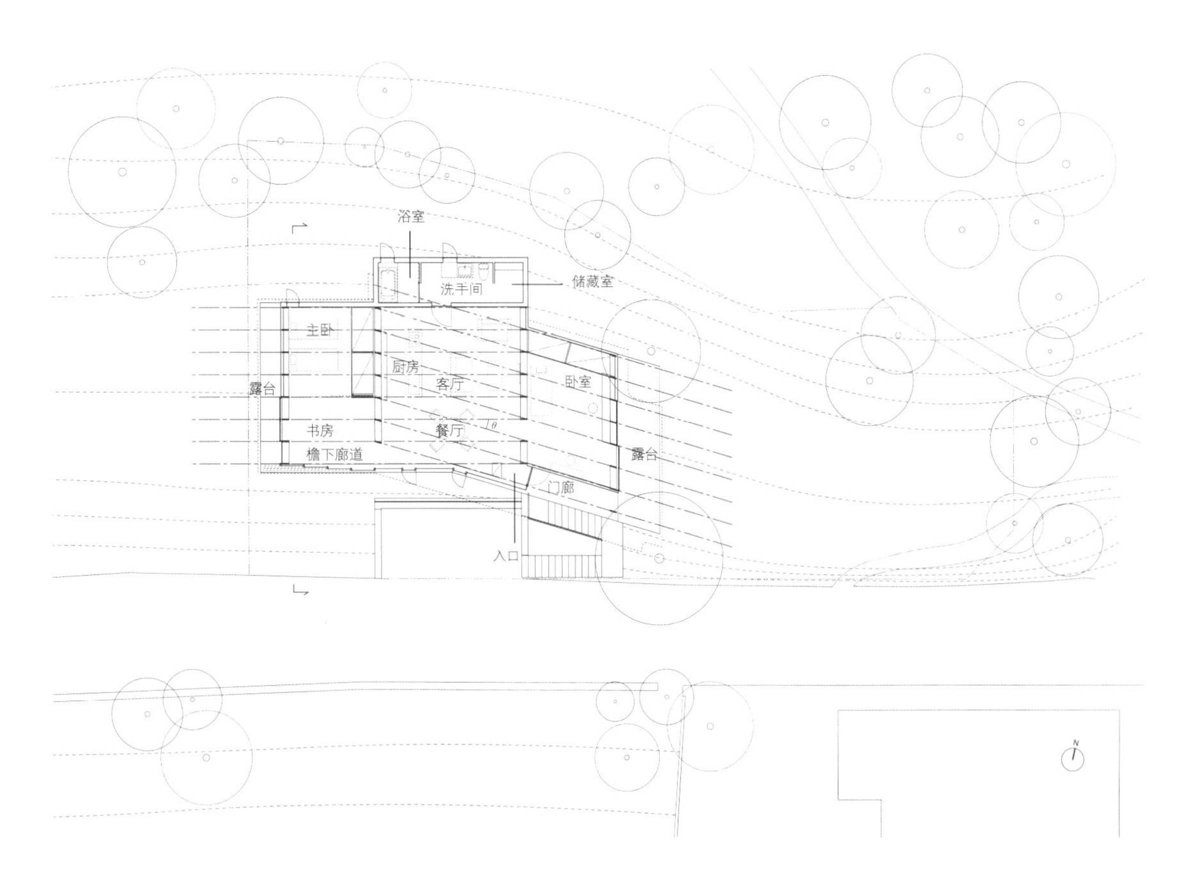

日本小田原平原与箱根群山山脊交错处的一个山坡，是 Geo Metria 住宅所在地。这里曾为果树林，阳光充足，南侧清晰可见远处相模湾景致；北侧则是作为北风屏障的群山。茂密的落叶阔叶树在夏天投下柔和的阴影；在冬天则树叶脱落，让阳光渗入并温暖山间的潮湿土壤。

在这样一个环境中，MOUNT FUJI ARCHITECTS STUDIO 希望将设计委托给土地，或者说，让自然土地本身既有的秩序决定建筑形式和构成。他们认为，建筑其实就是新的自然的诞生，与其将设计基于在工作室里凭空设想的抽象概念，引入与当地不相关的元素，完成一个标准化的常规房屋，不如“严密研究场地，发现潜藏的几何体”——通过研究场地地理、气候及风土，挖掘其本身既有的可居住潜力，并做适当调整或增强某种特质，以至完美人居环境。

场地特征（主要考虑其多山的倾斜地貌，以及降雨量）决定了 Geo Metria 住宅的最终形体和结构。屋顶梁木倾斜着支撑起斜屋顶，斜屋顶能更好应对雨季的同时，形成的倾斜顶棚，与倾斜地貌一起，给了空间一种不断变化的观感。室内的陈列架，松散地分割着空间，同时保证了视线畅通。自然和建筑之间因此有了一种连续性，界限消失了，好像自然成为了家，家成为了自然。END

1　入口
2　平面图
3-4　建筑所处周边环境

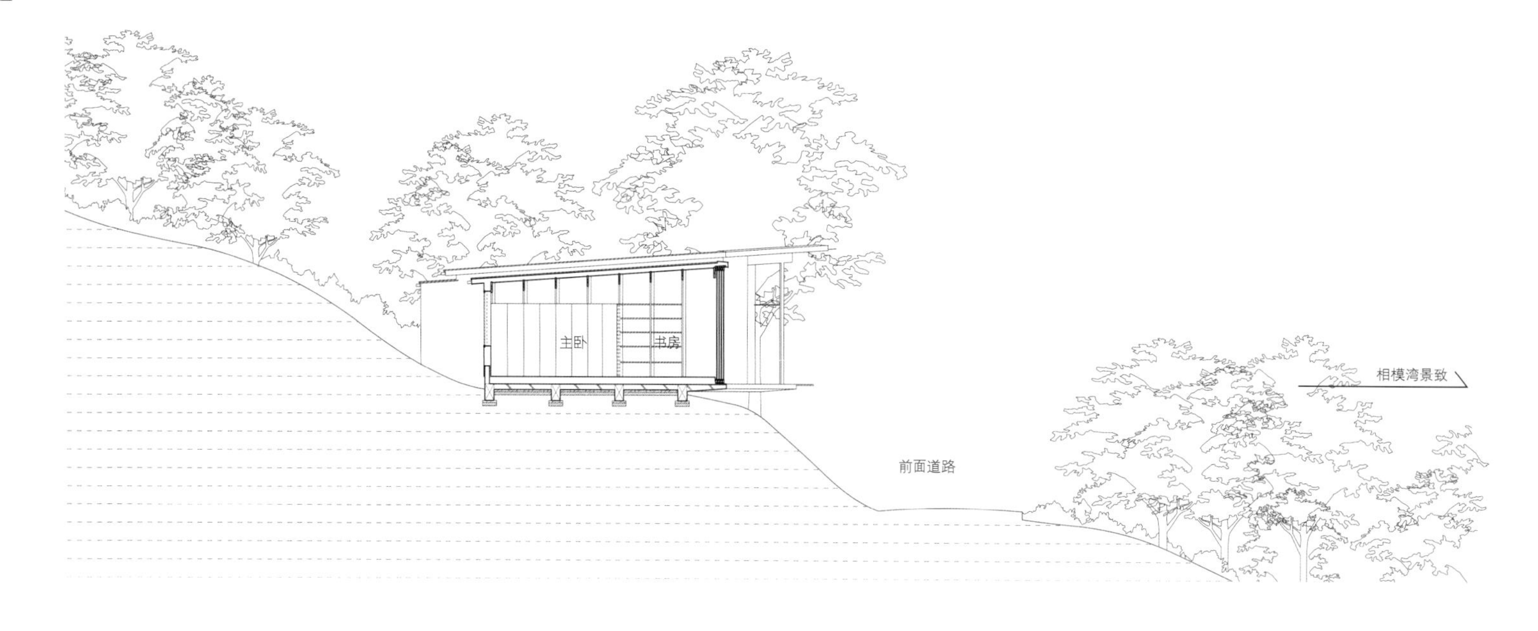

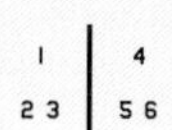

1 剖面图
2 从外部看向室内
3 从露台看向室内
4 立面图
5-6 室内陈列架，松散地分隔着空间，同时保证了视线畅通

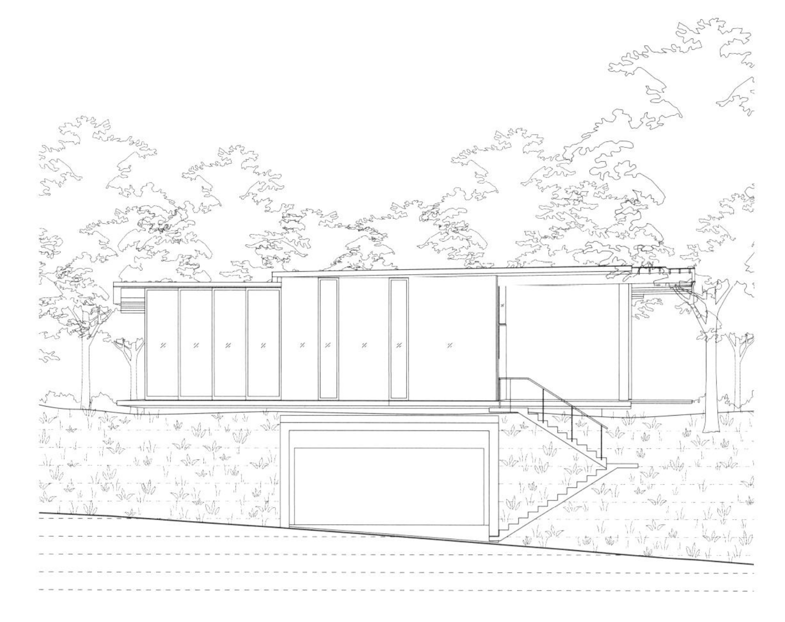

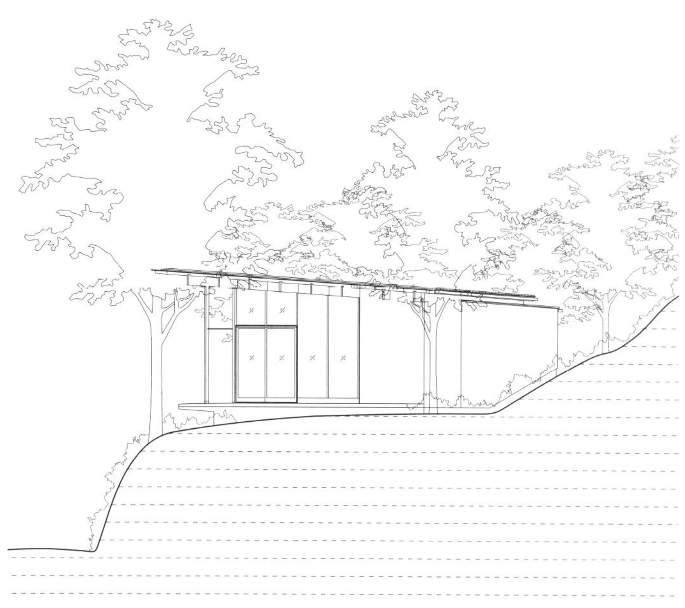

FURNITURE

1	3 4
2	5

1-2 梁木倾斜着支撑起斜屋顶，与倾斜地貌一起，给了空间一种不断变化的观感

3 顶棚细节

4-5 从室内看向室外

L别墅
VILLA L

撰　文 | 藤井树
摄　影 | Christian van der Kooy
资料提供 | Powerhouse Company

地　点 | 荷兰乌得勒支附近某片森林（near Utrecht, The Netherlands）
面　积 | 1 300 m²
建筑设计 | Powerhouse Company,RAU
结构工程 | Gilbert van der Lee
室内设计 | Bart Vos
景观设计 | Sander Lap
竣工时间 | 2012年

L 别墅位于荷兰的乌得勒支附近的一片森林中，一片可充分享受阳光的景观开阔之地，业主是一个拥有 3 个小孩的年轻家庭，设计目标在于满足业主关于“家”的愿望——简单却出人意料，开放却明确，极简却华丽。为实现这些看似自相矛盾的要求，Powerhouse Company 基于家庭生活的多种需求，设计了一个 3 层别墅，这个各层功能、空间布置、形式、氛围各不相同的 3 层空间，最终形成了一个完美平衡私密与开放的整体。

家庭生活

地面层宽敞开放，是家庭生活的中心，包括客厅及公共服务空间（储藏室、卫生间和楼梯等）。前部大面积的玻璃幕墙，让客厅和餐厅都最大限度地沐浴在阳光中，放眼即见花园景观；后部墙面则是石灰华和玻璃的混合体。绿化屋顶，更让其轻易就与葱郁的绿色景观融为一体。花园另一端还有一处小亭，采用了更多的玻璃墙面，供孩子游玩，也可用作单独客房。

村庄里的小木屋隔间

一层是卧室区，各个卧室以黑色木材作墙面材料，也零星散布着玻璃窗，他们被屋顶花园所环绕，就像村庄里由一条小路连接起来的各自独立的小木屋隔间，拥有隐秘、安宁、互不侵扰的世界及观赏森林景观的不同视角，彼此间却也有亲密感。

健身及静思

地下层包含客房、健身区（含室内泳池）、储藏室等，空间形态以曲线形墙体和楼梯为特征。两个下挖的庭院让客房和泳池区采光充沛，并由此可直接通往地面花园。

可持续

合作建筑设计的 RAU 为房子植入了可持续方案，包括冷热水系统、隐蔽的光伏系统、地下室专有区域安置高效节能设施等。END

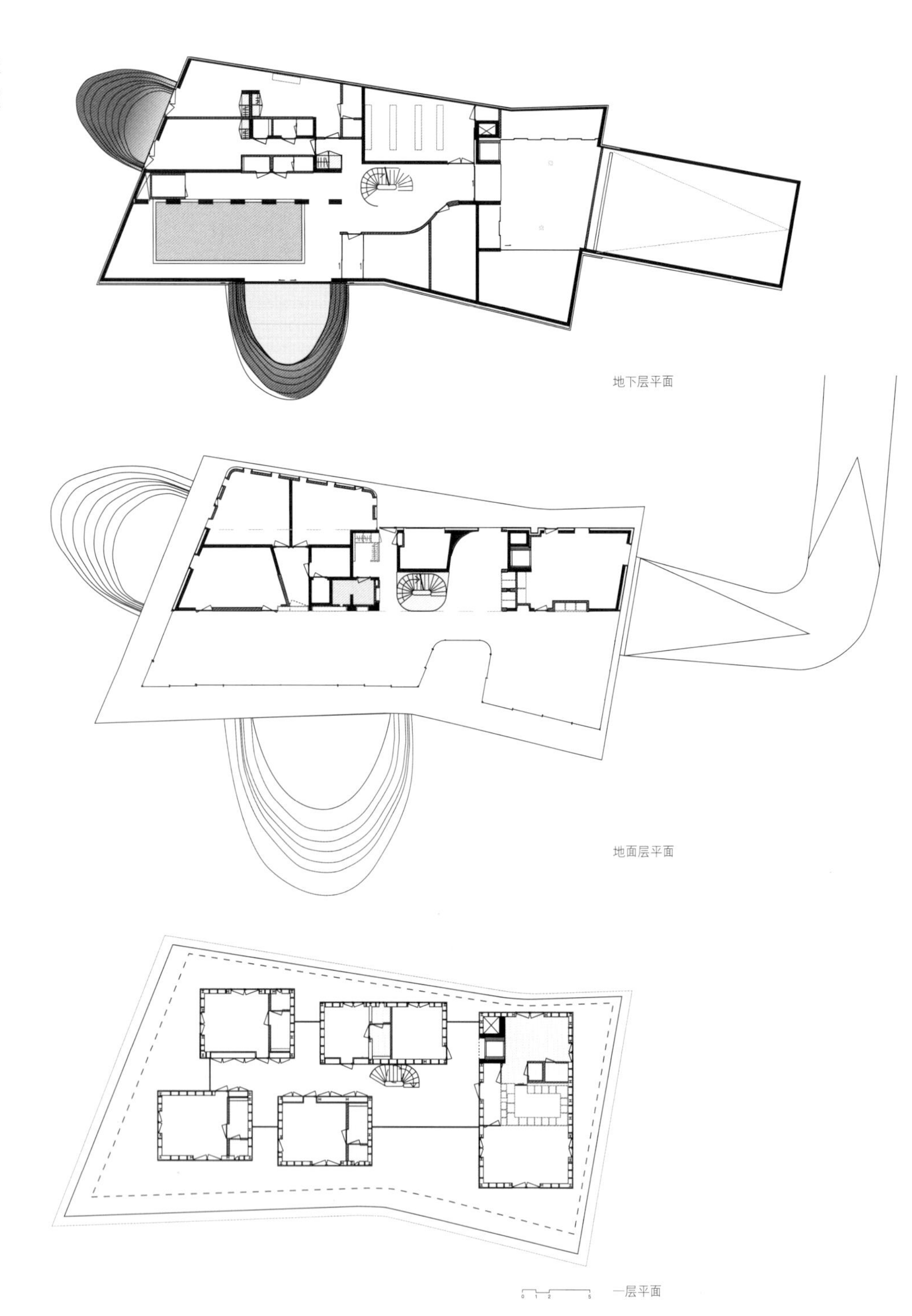

1 平面图
2 钢结构
3-4 建筑外部
5 花园另一端的一处小亭
6 下挖的地下层庭院
7 绿化屋顶
8 客厅

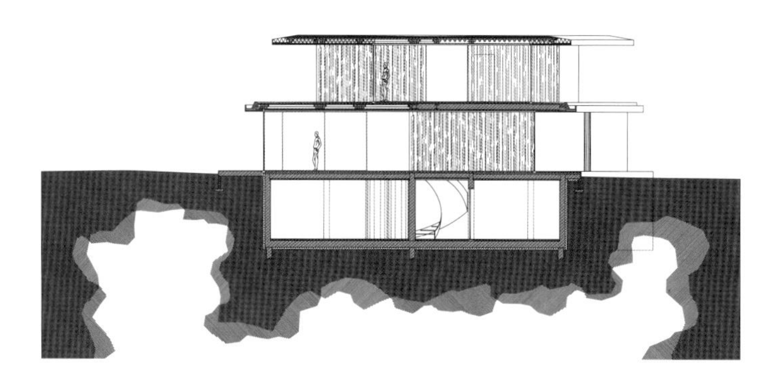

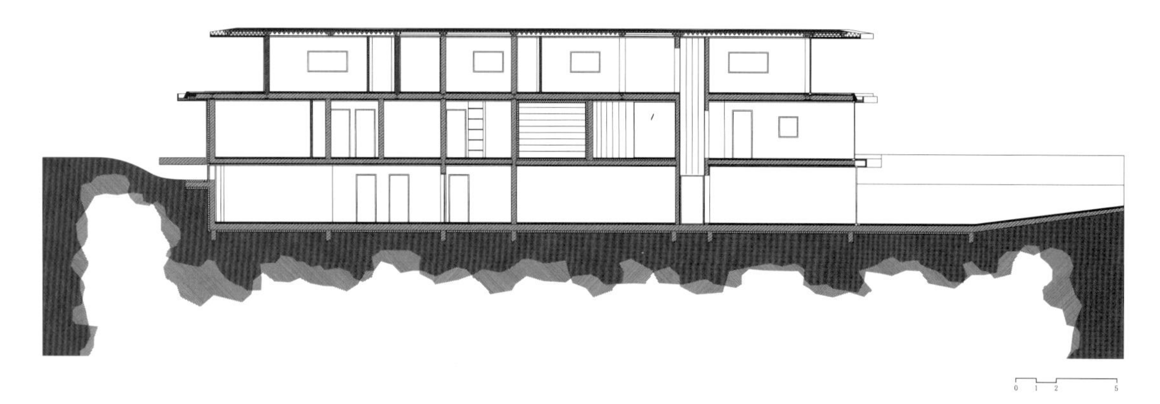

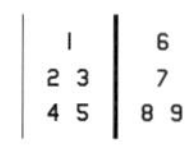

1 剖面图
2 阳光房
3-5 过道及楼梯
6 立面图
7-8 书架
9 学习及游戏空间

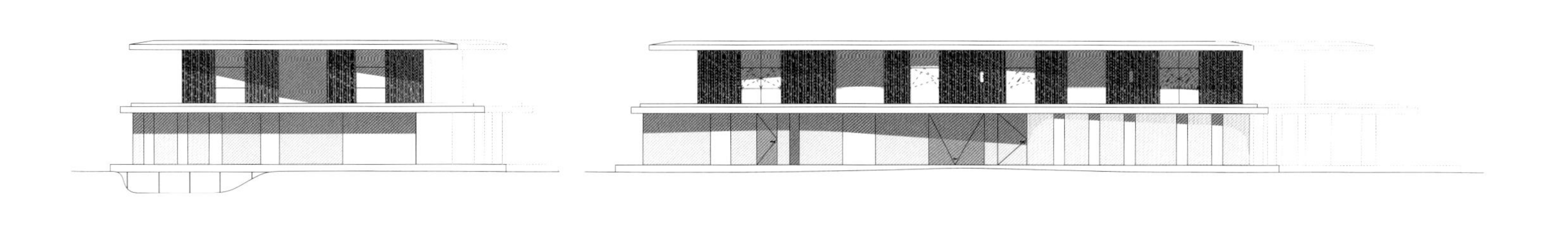

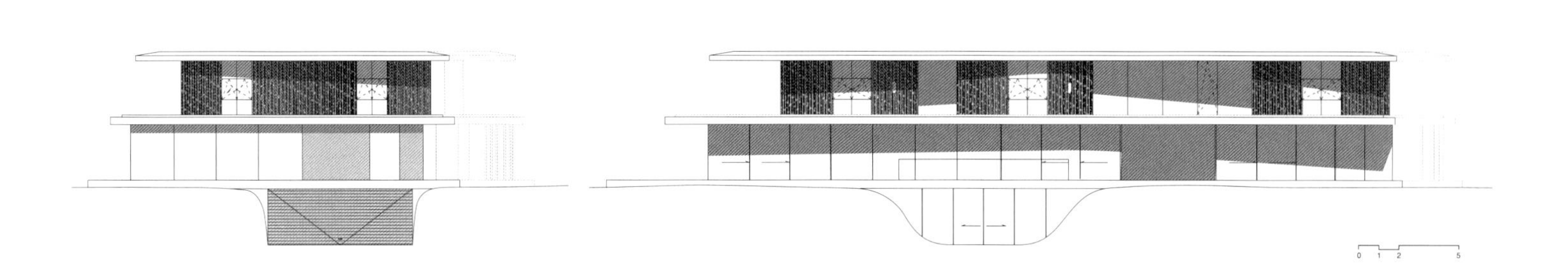
0 1 2 5

西班牙 NON PROGRAM 多功能馆

NON PROGRAM PAVILION

撰　文 | 银时
资料提供 | Jesús Torres García Architect

地　点	西班牙Salobreña市Tropical海岸
面　积	263㎡
设　计	Jesús Torres García Architect
造　价	283 000欧元
竣工时间	2011年

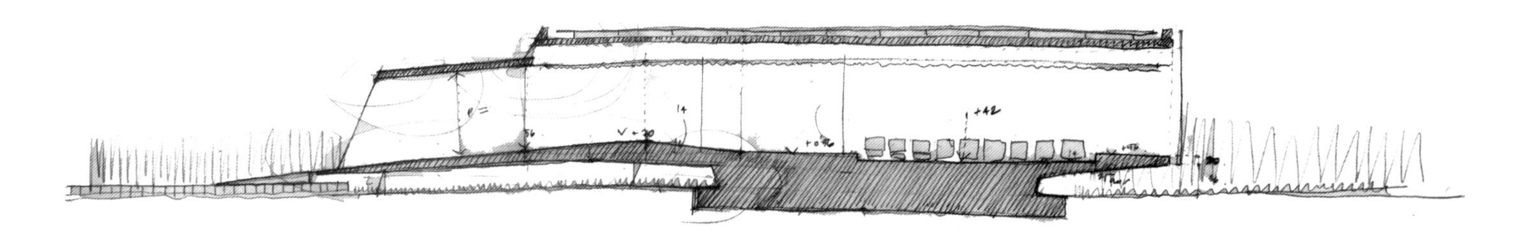

1-2 建筑外观
3 草图

NON PROGRAM 多功能馆位于西班牙南部的地中海沿岸地带，被美丽的海滨景致所环绕。这个规模不大的多功能场馆以“NON PROGRAM”为名，含有非既定、随机变化之意，也暗示出其设计宗旨——表现景观、场地环境以及建筑体本身之间随时变化的互动与关联。建筑的最终成形以一种近似自然物的发展而呈现，就像一朵花逐渐绽放，这也是设计大师奥斯卡·尼迈耶所倡导的手法。整个项目致力于阐释两个概念：如何构建自然以及在既定尺度下建筑物占多大“份量”更为适宜。最终建成的作品以一种近乎隐身的姿态融入景观当中，最大限度地消弭了新置入的建筑物与原有场地环境之间的隔阂，景观即构成了建筑本身。

建筑外形呈圆润的曲面，表皮一侧覆盖了木板条，另一侧则是玻璃幕墙。外墙架、木板都与周围的土地色相互吻合，而玻璃材质反射的性能更得到充分利用，对环境的影响变小，并且扩展了整个建筑的外延。在日光下，玻璃表皮的强烈反光使得建筑呈现出近乎透明的形态；而在光线的互相折射下，景观投影在玻璃上，可以让建筑的玻璃部分仿佛在荒漠中隐身。当夜幕降临之时，馆内温暖的灯光穿透玻璃，消融了室内外的视觉界限，为徘徊在外的旅人带来陪伴和安慰。

“NON PROGRAM”的概念也同样作用于室内空间。功能上的非限定性使场馆在尽可能宽泛的范围内发挥作用，比如用作展览空间、音乐厅，或是社区活动场所。经由对曲线的运用，设计师在室内创造出一个连续的墙面，这个过程可以很容易地用 AUTOCAD 来实现。这种手法的运用是为了在项目中落实两个基本目标：实现声学和空间上的连续性，在整个空间中取消定向性。由此，从外面看，场馆在平坦的原野中表现出一种流动感；而在室内则可以体验到一种美妙的悬浮感。弧形墙壁的应用在室内营造出丰富的声学环境，通过北边和西边的钢筋混凝土结构以及南边和东边的智能玻璃幕墙的围合，形成了一个有点像吉他的共鸣箱体的空间，使热能和声音得以均匀地分布。致密的地毯能有效地吸收噪音，玻璃墙能很好地吸收高频能量音波，而钢筋混凝土则吸收中低频。采光和通风的需求也通过空间的设定得到了充分的满足：东、南侧玻璃幕墙可以使充足的自然光到达室内；通过建立南北向的自然通风，室内的空气流通也很快，在视觉之外的感官体验上进一步加强了空间的通透感。END

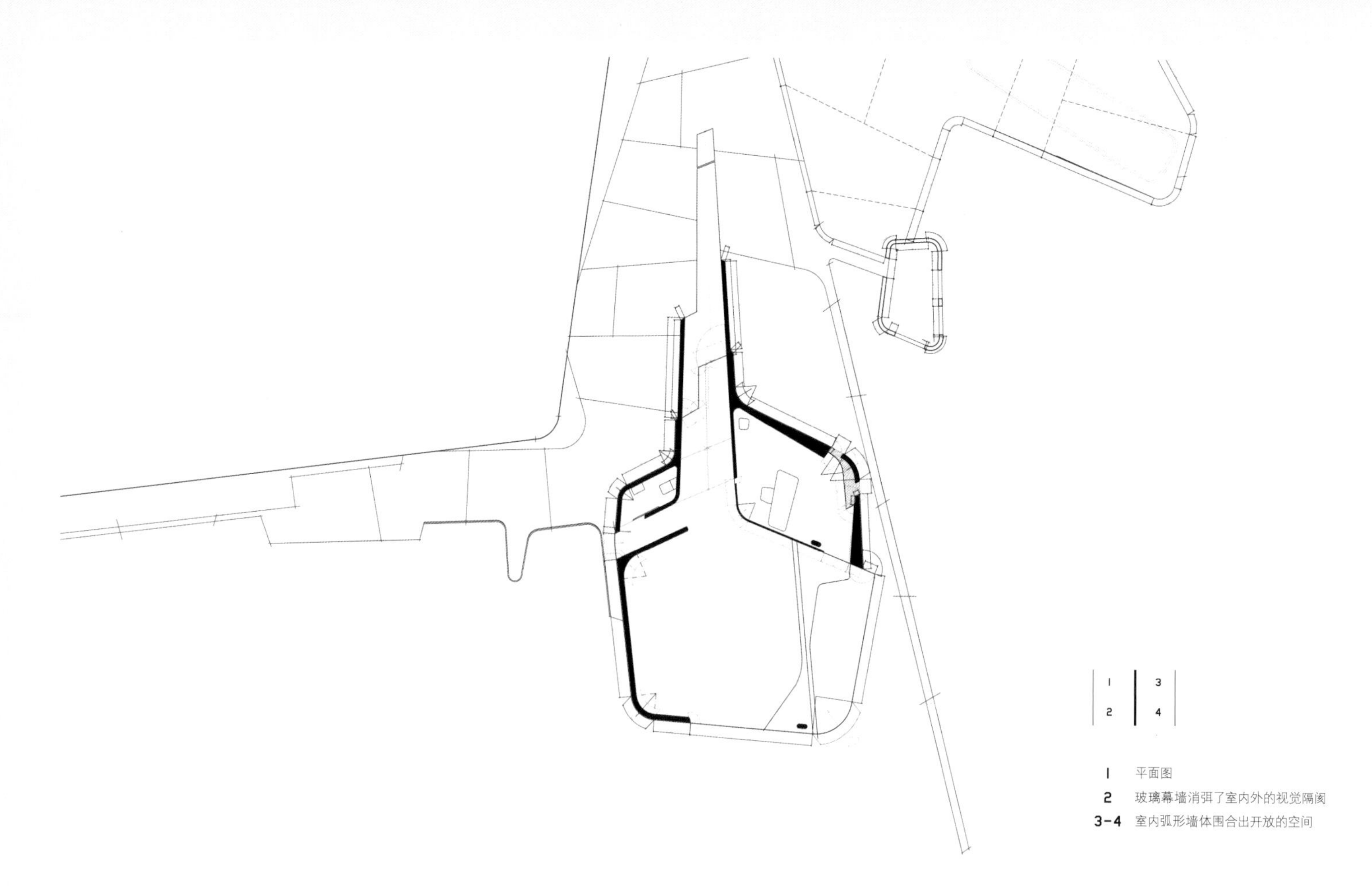

1	3
2	4

1 平面图
2 玻璃幕墙消弭了室内外的视觉隔阂
3-4 室内弧形墙体围合出开放的空间

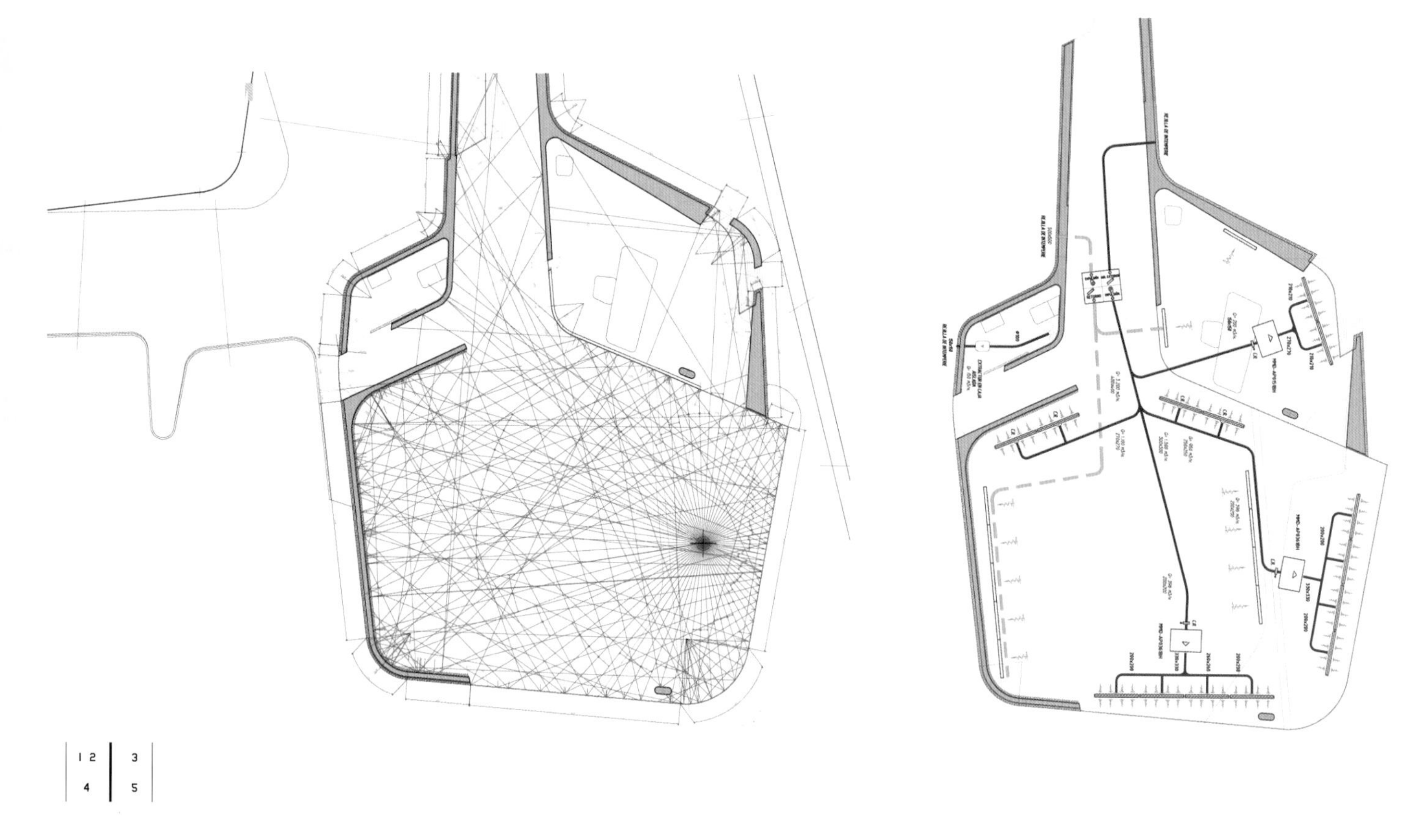

1 2	3
4	5

1 声学分析
2 空气循环体系分析
3 剖面图
4–5 不同材质的建筑表皮均呈现出与自然环境相亲和的气质

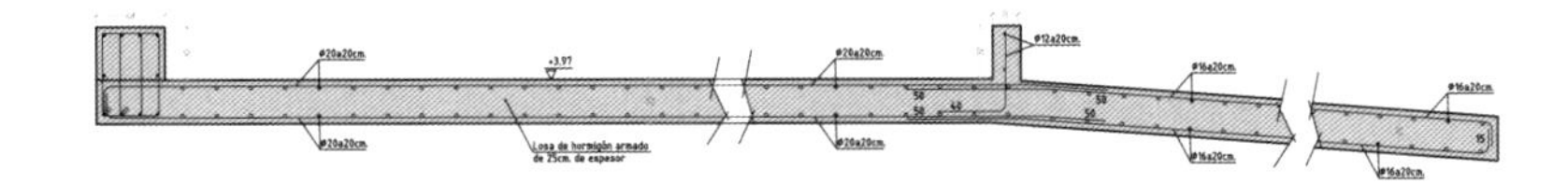

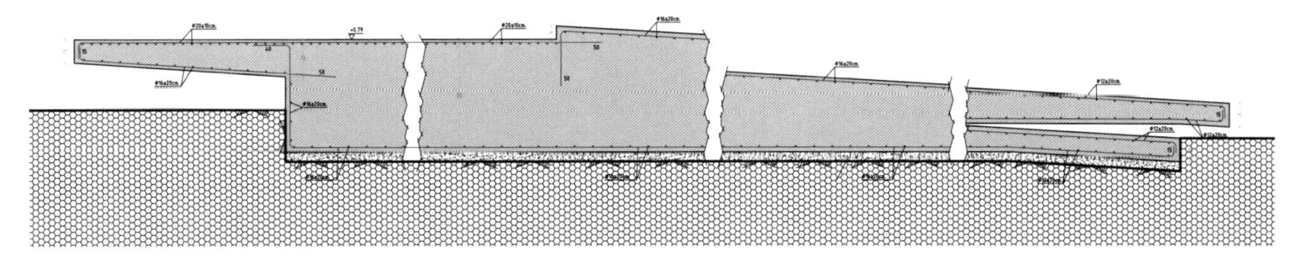

横向剖面图

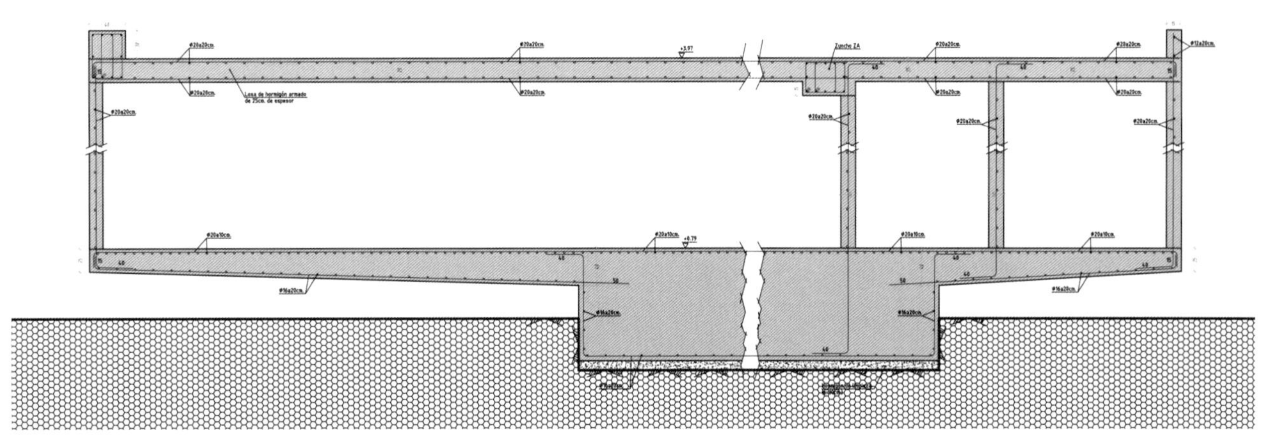

纵向剖面图

2013蛇形画廊临时展亭
SERPENTINE GALLERY PAVILION 2013

撰　文 | 藤井树
摄　影 | Iwan Baan, Jim Stephenson, Daniel Portilla

地　点 | 伦敦海德公园内的肯辛顿花园内
占地面积 | 约350m²
设　计 | 藤本壮介
竣工时间 | 2013年6月

1 | 2 3 4

1　以精准计算制成的网格结构，却像森林一般，不断向上向外自由延伸
2　屋顶以透明圆盘形式夹杂在已有结构中，若隐若现
3　概念草图
4　不同层次的密集度，创造了一种暧昧不明的环境氛围

藤本壮介总喜欢把他的建筑比作一些有机体，比如森林。他认为自然很重要，问题在于，建筑如何不同于自然，或建筑如何成为自然的一部分，或两者如何融合，或两者的分界线是什么。他对自然的兴趣展现在对自然感受的仿效，比如他认为建筑的目的应是创造背景，而非单纯的建筑实体，比如森林作为背景，易被身处其中的人忽视，却使人能自由表现及体验丰富，如果缺少人的活动，森林是不完整的，背景不是全部。但这并不意味着任何有机曲线形态会出现在藤本壮介的建筑中，他的建筑倾向于使用直角，使用不易老化的材料，拥有高度的人工痕迹，精准的计算。他建造生活于森林或云端的梦想，却并非真正不受限制。

蛇形画廊临时展亭2013是一个“森林”。细长的白色钢条，以数学般的严谨制成的三维网格结构，盘旋于地面之上，在各个方向上，却似乎在不断向上向外自由生长延伸，没有可辨识的边缘，没有内外之分，好像完成却又未完成，没有墙壁、没有“屋顶”（为应对伦敦多雨天气，屋顶是必需的，为防止屋顶对网格整体的破坏，屋顶以透明圆盘形式夹杂在已有结构中，若隐若现，圆盘可反射周围绿色，也可随风转动，雨水更可顺着玻璃流动）。从外部看，网格框架密集处，就像一堵墙，稀疏处，它又更透明一点，不同层次的密集度，创造了一种暧昧不明的环境氛围，一朵半透明、不规则的轻巧云雾，赋予建筑更多可能与想象，周边茂盛草木与它编织在一起，游人以他们喜欢的方式游走其中或“悬浮”其上，被无处不在的格子所围绕，若隐若现，也成了景观的一部分。

自然与人工融合，不只是建筑，也不只是自然，而是两者独一无二的融合，秩序与模糊和谐共存，复杂却微妙，鼓舞人们与其互动，并以多样方式探索。这是一种以人工精准方法营造出的自然“有机体”。END

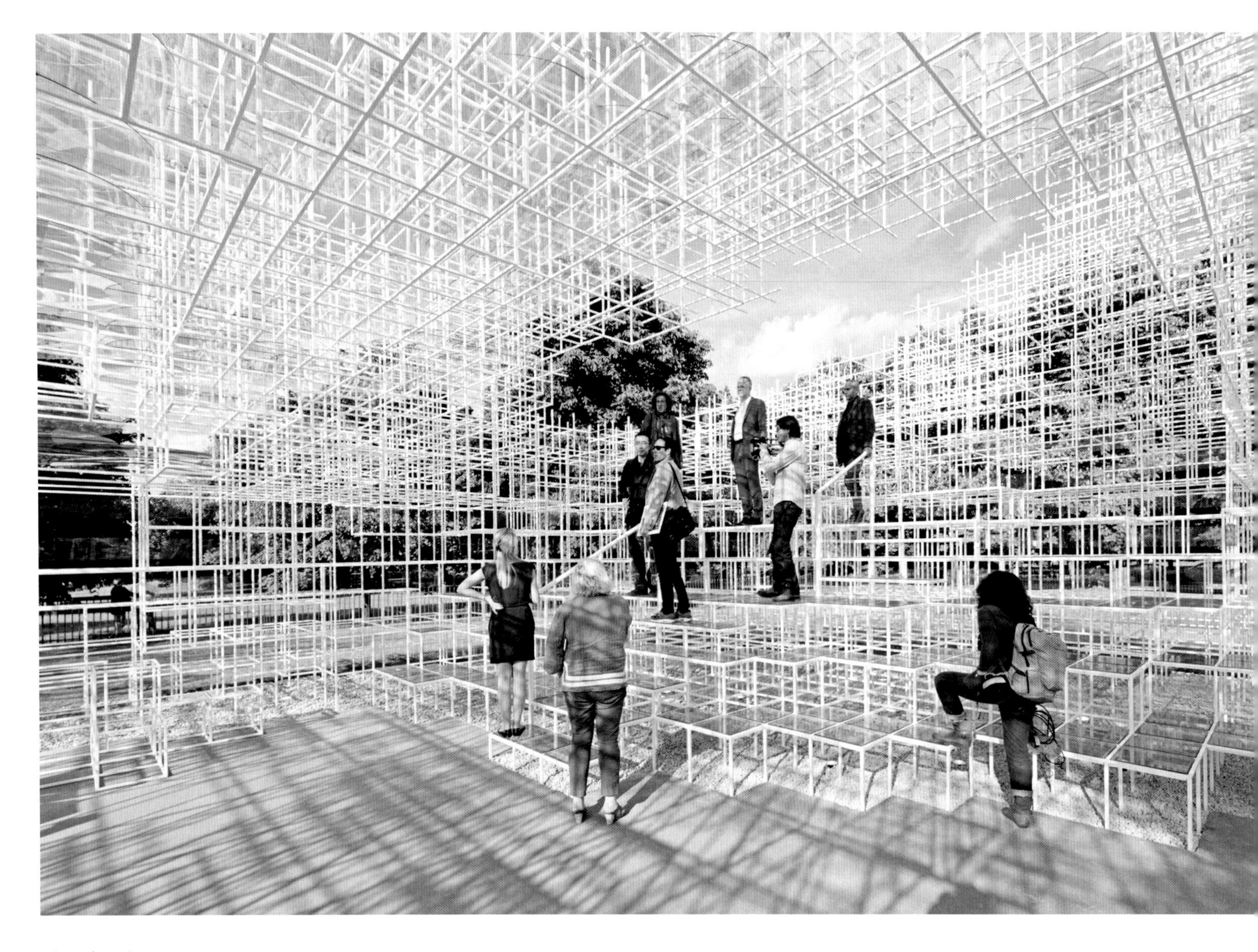

| 1 | 4 |
| 2 3 | 5 6 |

1-3 游人游走或悬浮其中，也成了景观的一部分
4-6 局部

韦伯教堂公园凉亭
WEBB CHAPEL PARK PAVILION

撰　文 | 藤井树
摄　影 | Eduard Hueber
资料提供 | Cooper Joseph Studio

地　点 | 美国德克萨斯州达拉斯
面　积 | 约84m²
设　计 | Cooper Joseph Studio
设计团队 | Wendy Evans Joseph, Chris Cooper, Chris Good, Read Langworthy
协助设计 | Quimby McCoy Preservation Architecture LLP
结构工程 | Jaster-Quintanilla Engineering
竣工时间 | 2012年6月

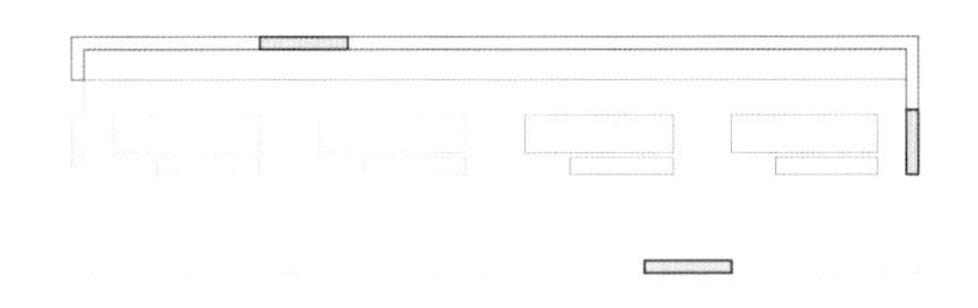

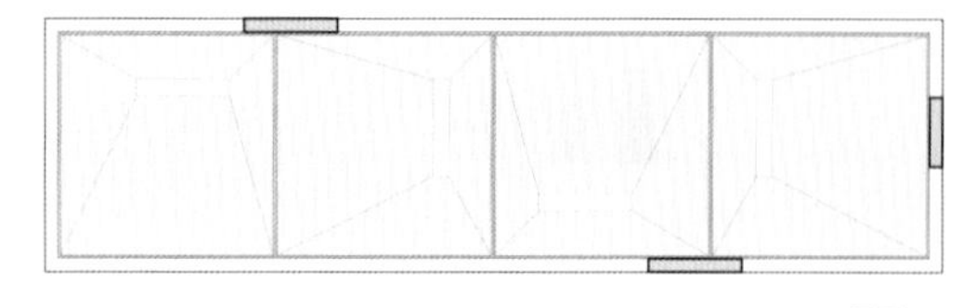

平面图

作为社区足球场和儿童游乐场之间的过渡空间，韦伯教堂公园凉亭以3根混凝土矩形柱为支撑，以重量感十足的纯粹混凝土盒子形态，为人在运动之余的休息或野餐片刻，提供耐久的遮阳和座位，使人拥有丰富的观赏视线，并与周边景观融为一体。

选材上，达拉斯的混凝土质量上佳，对当地小建筑而言，这是完美材料。混凝土同时作为表皮和结构，使凉亭既富形态表现力，给人以粗野的感官印象，又能有效满足功能需求。但凉亭表现力并非仅限于此，外部看起来厚重的混凝土盒子，内部却被掏空，深度夸张，形成4个金字塔形的顶棚空间，在顶部，建筑师更挖出4个不同朝向、相同大小的细长方形洞口，以保证凉亭自然通风顺畅，将亭下热气尽量散出，以空间设计手法达到了自然冷却效果。顶棚选用的亮黄色，更使其与周边绿色景观和通过顶棚洞口隐约可见的蓝色天空遥相呼应。这些都赋予了这个凉亭生命和活力。END

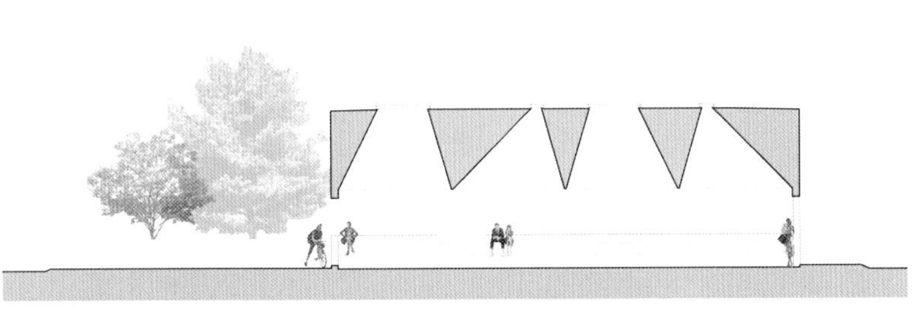

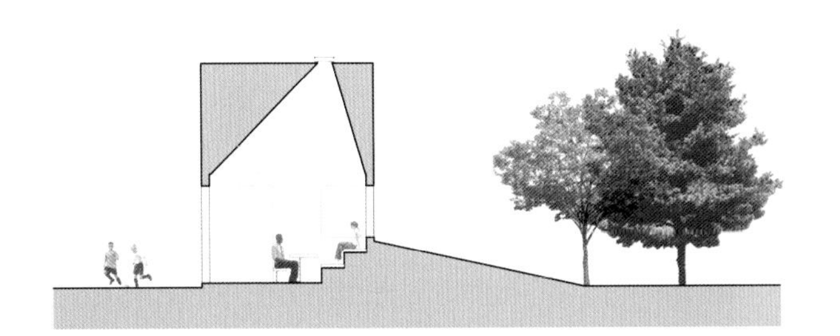

1	3 4
2	5

1-2 凉亭为人们在运动之余提供休息场所
3 剖面图
4-5 顶棚选用的亮黄色，使其与周边绿色景观和蓝色天空遥相呼应

“过山车”
ROLLER COASTER

撰　文 | 顾云端
资料提供 | 空格建筑

地　点	北京黄庄职业高中
基地面积	1 200m²
建筑设计	空格建筑
主持建筑师	高亦陶、顾云端
灯光顾问	缪海琳
设计时间	2011年7月
竣工时间	2011年10月10日

俯瞰图

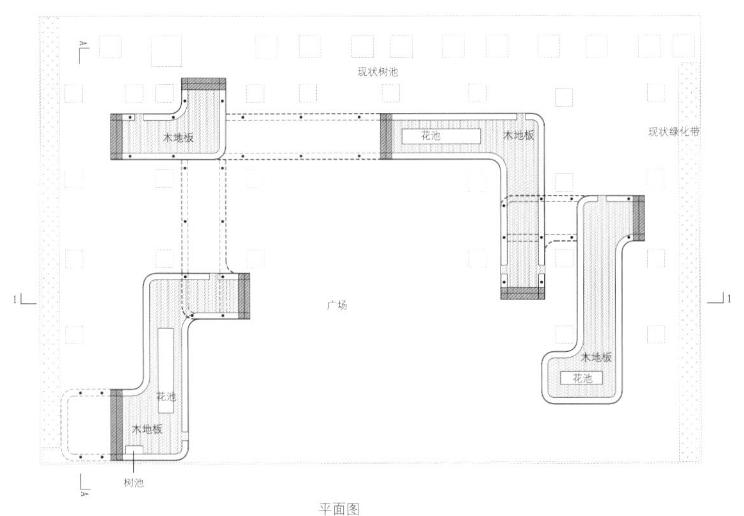

平面图

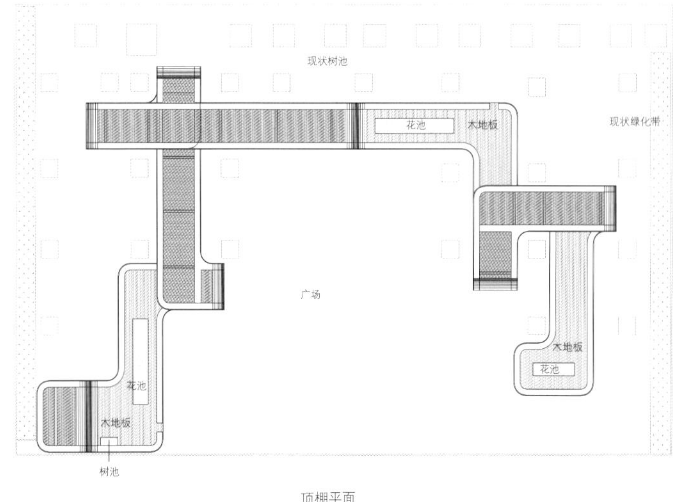

顶棚平面

该项目位于北京一所宁静的职业中学校园的活动广场之中。广场正对着入口大道，其两侧均为多层教学楼。广场的改造，旨在为学校提供一个鲜明的可辨识的形象，重新定义现有公共空间。

通过对整个校园环境的分析，我们认为，学校不缺少单纯的雕塑作品，不缺少绿地，而是缺少一个能让学生聚在一起交流的公共空间。学校真正需要的不是校园中心的纪念碑，而是一个集人文与功能为一体的集聚性空间，让学生休憩的同时还能举办一些校园活动，增加校园活力。而该广场，正好位于人流最密集的两栋教学楼之间，再加上绿树成荫，十分符合创造一个积极的交流空间的条件。

经过讨论，一个高效的公共空间的方案渐渐浮出水面。我们提出了一个连续弯折、类似“过山车”的带状形象，通过三维折叠，创造了一系列与环境融合的空间，包括开放式花园、阴影展馆和展览小径等。整个建筑的弯曲形态，完全考虑到了保留广场现有树木及利用现有树冠投射下的阴影，令建筑建成伊始，就具有成熟的使用形态。婆娑树影与格栅相映成趣，落日照射在金属边框上反射出来橙色的光辉，令建筑与周边环境浑然一体。

过山车般的结构，为学校建立了一个有趣的形象，不仅辨识度很高，也非常受学生欢迎。课余饭后，三五成群，或打闹嬉戏，或安静冥想，或聊天休憩，改变了中学校园户外空空荡荡的传统形象，这应该也是学校设计未来的发展方向之一。END

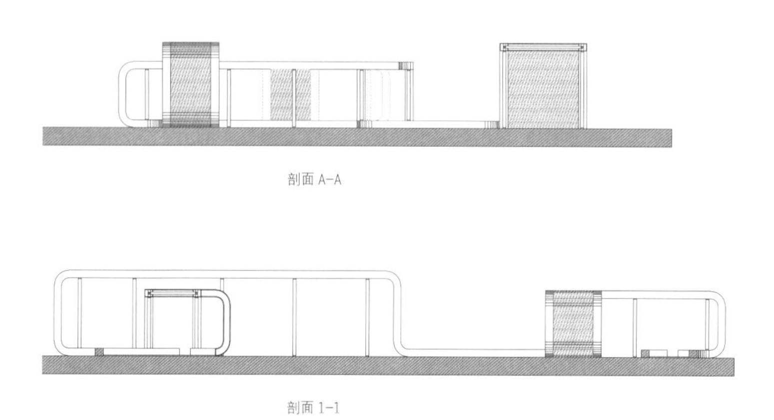
剖面 A-A

剖面 1-1

1	5
2	6 7
3 4	8 9

1 空间的衔接
2 剖面图
3-4 从不同角度看建筑
5 夜景
6 顶棚百叶细节
7-9 细部剖面

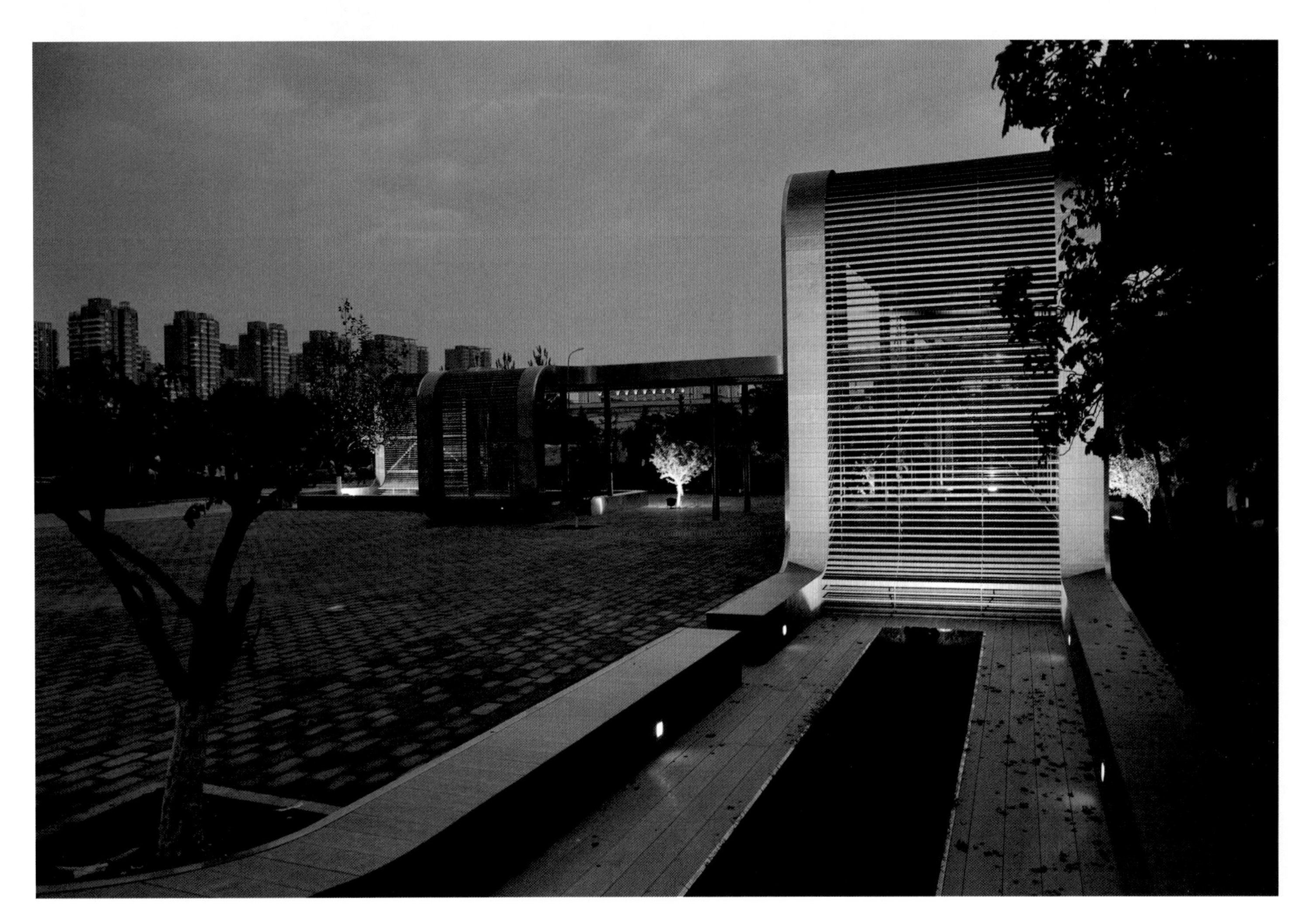

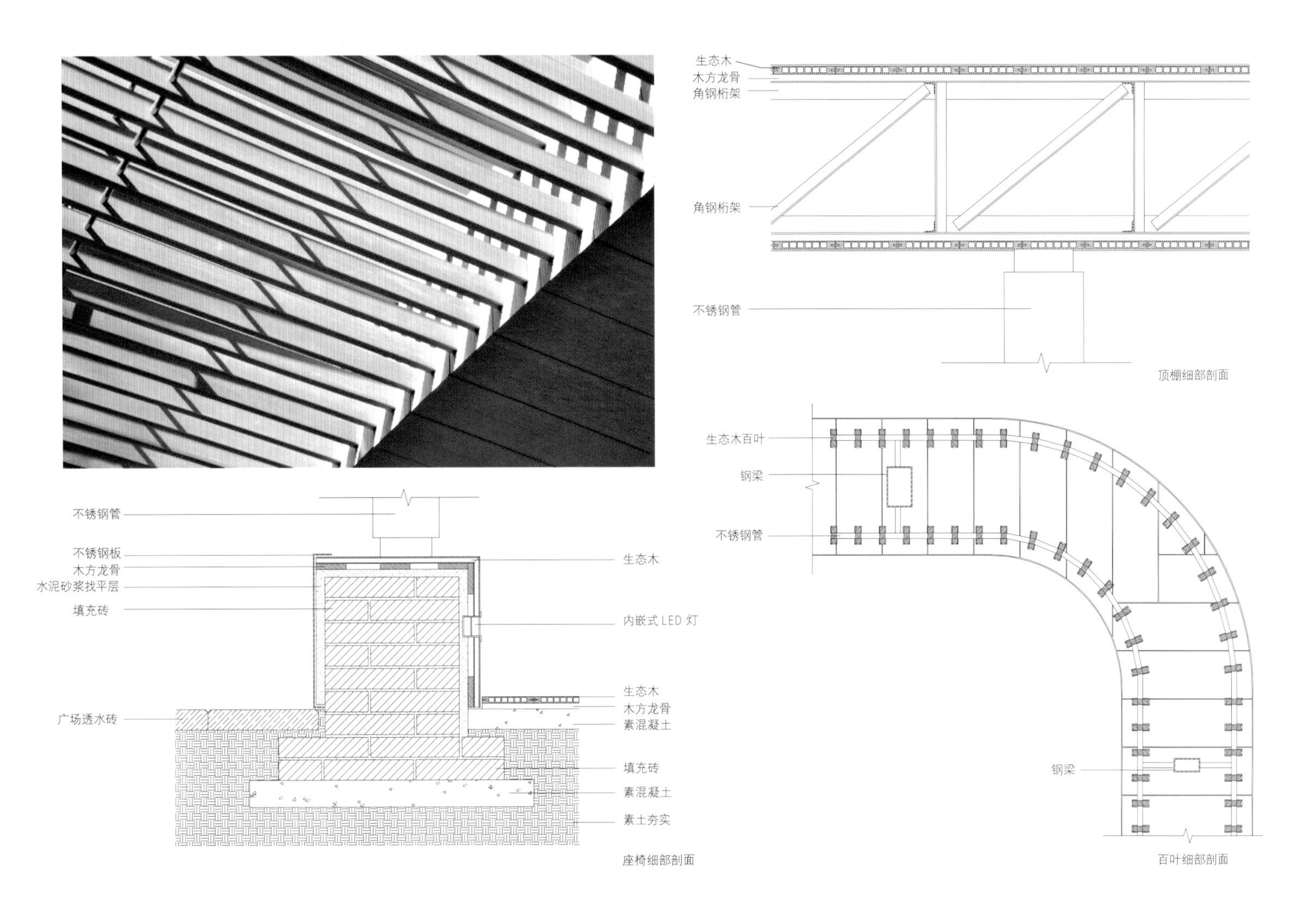

顶棚细部剖面

百叶细部剖面

座椅细部剖面

空中林荫道

A PATH IN THE FOREST

撰　文　藤井树
摄　影　近藤哲雄建筑设计事务所

地　点	爱沙尼亚共和国塔林市Kadriorg公园内
设　计	近藤哲雄建筑设计事务所
用　途	临时装置
竣工时间	2011年9月

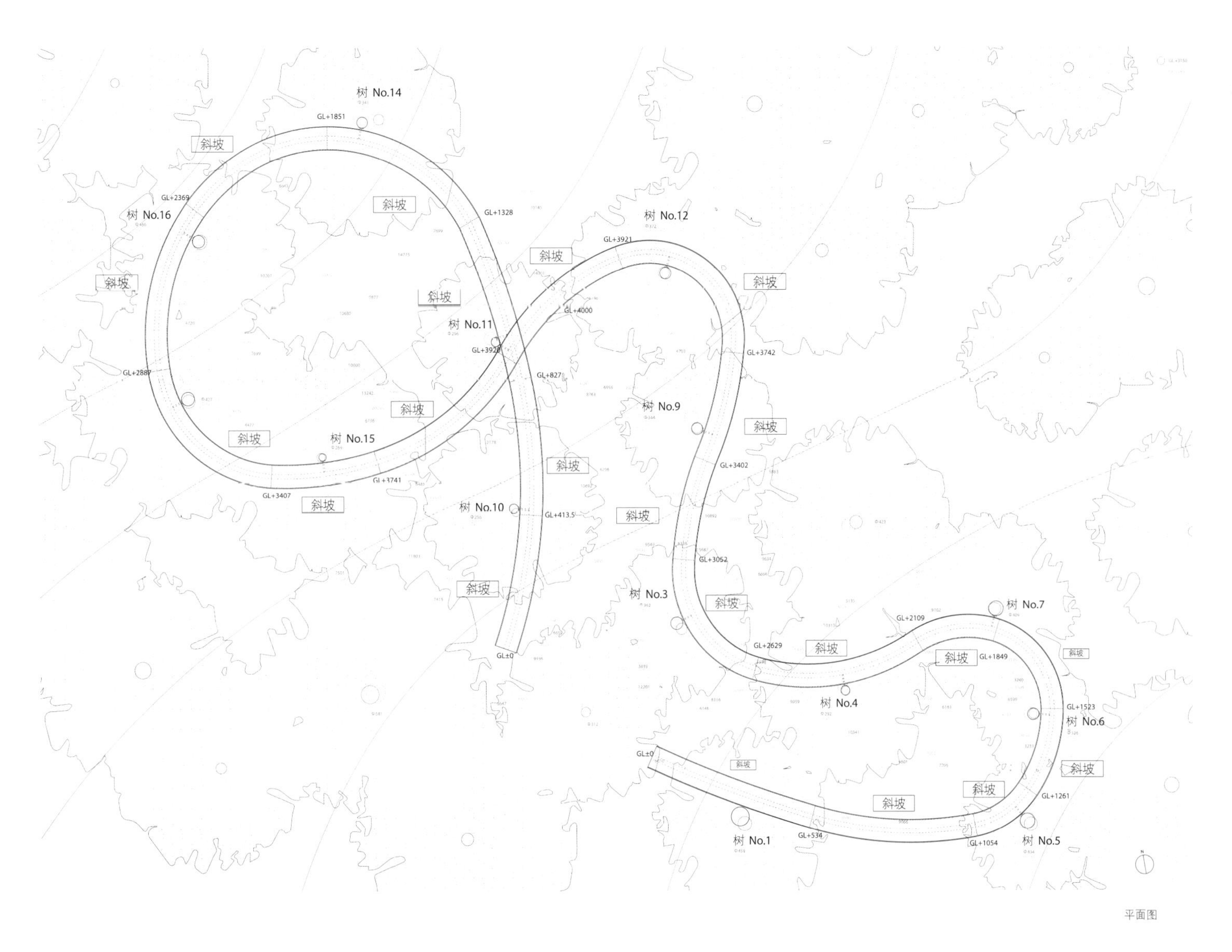

平面图

1 | 3 | 2

1-3 步道悬浮环绕于林木间，形式简洁轻巧

95m 长的步道悬浮环绕于不同种类、年愈 300 岁的林木间，并以其为支撑，逐渐升入“云端”，而没有其他多余支柱。游客随着蜿蜒徘徊其中，逐渐体验到新鲜和未知——就像漫步于树上，不用站在地面仰头，却能慢慢靠近细枝嫩叶，听风吹过，感受树叶的轻微颤动；视角在发生着变化，所见所感的林木形态和自然也在轻微发生着变化，不断引人想做进一步探索。步道形式简洁轻巧且低调，与自然景观各种元素相生相映，统一共存，建筑为了森林而存在，就像森林为了建筑而存在。END

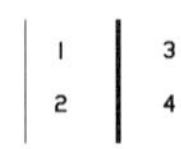

1-4 游客随着蜿蜒徘徊于林荫道中，逐渐体验到未知

800 年后的方丈庵
HOJO-AN AFTER 800 YEARS

撰　　文 | 藤井树
资料提供 | 隈研吾建筑都市设计事务所

地　　点 | 日本京都府京都市左京区下鸭泉川町59
面　　积 | 9m²
设　　计 | 隈研吾建筑都市设计事务所
竣工时间 | 2012年1月

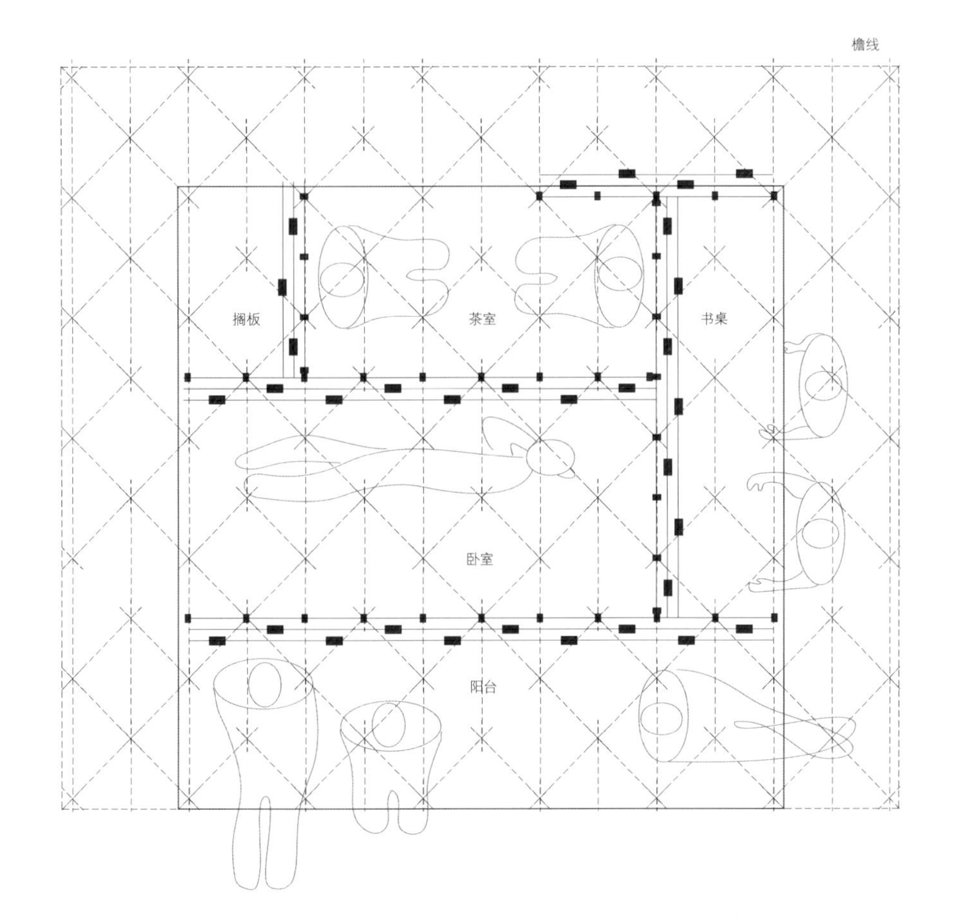

I-2 不同光线下看“方丈庵”
3 平面及各隔间功能示意图

日本作家鸭长明（1155 年 ~1216 年）曾于 800 多年前通过《方丈记》一书，记录自己出家隐居后在一个 9m²（3m×3m）“方丈庵”小屋中的清贫独居经历，在这小屋中，人能更亲密地感受自然，它通常被认为是日本紧凑型住宅的雏形，也是日本居住史的起点。如今，隈研吾事务所试图通过现代理念、技术及材料，对当年小屋进行原地（京都下鸭神社中）重建和现代诠释。

在那个动荡的日本中世纪，鸭长明将其建造为一种可移动小屋。如今为强调这种移动性，限岩吾事务所主要采用了可成卷、也便于携带的 ETFE 塑料片，每 3 张塑料片再通过棒形杉木构件和磁铁材料进行粘合，形成一张板，这类似于张拉整体式结构。7 张这样的板，或 3 种柔性材料，最终结合形成了一个坚固小屋，以此完成了对当年小屋的现代诠释。END

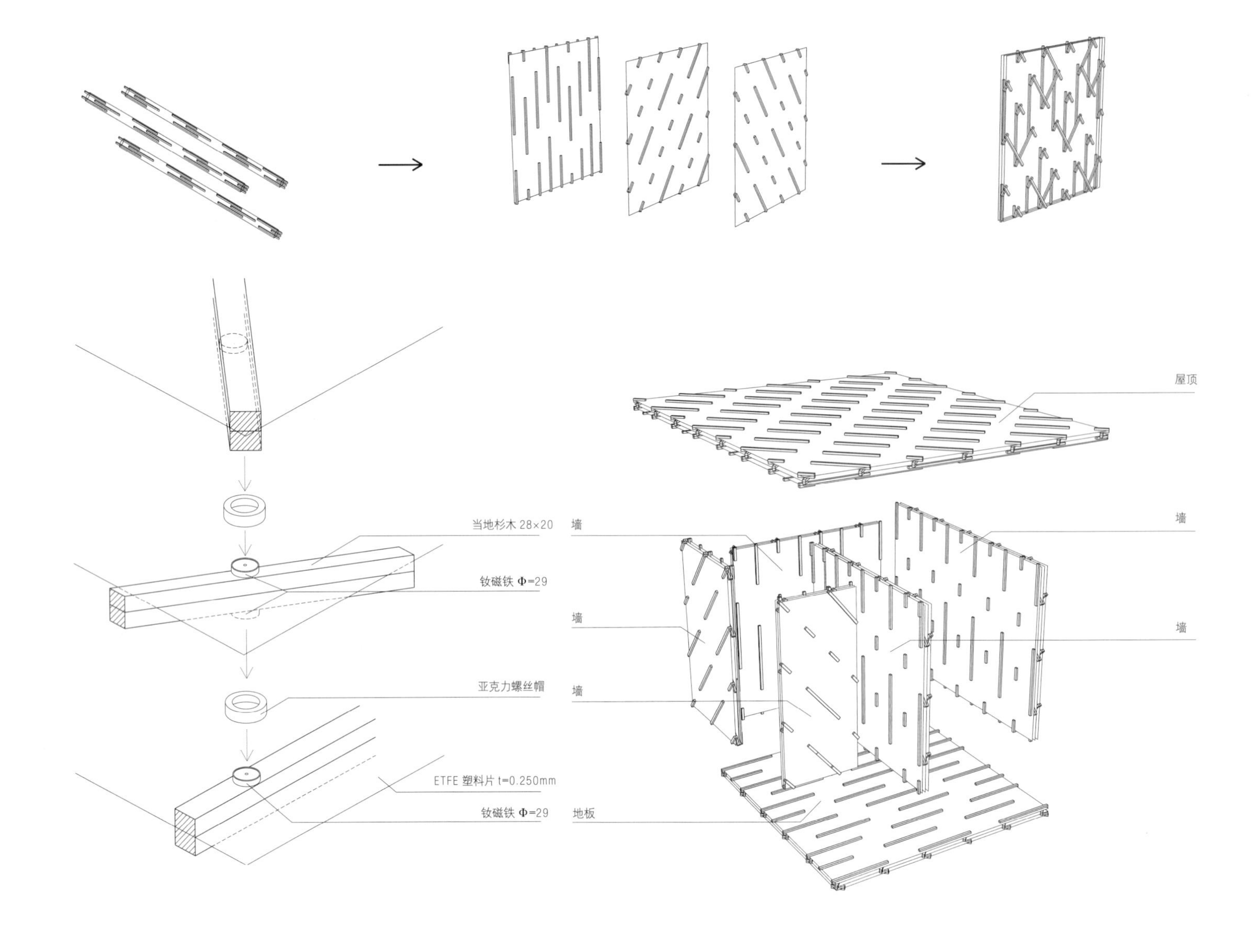
当地杉木 28×20
钕磁铁 Φ=29
亚克力螺丝帽
ETFE 塑料片 t=0.250mm
钕磁铁 Φ=29
屋顶
墙
墙
墙
墙
墙
地板

1	3
2	4

1 ETFE 塑料片、棒形杉木构件和磁铁材料形成一个坚固小屋的具体构造过程

2 近距离看整体构造

3-4 细部

西安唐大明宫国家遗址公园紫宸殿

ZICHEN PALACE OF XI'AN DAMING PALACE NATIONAL HERITAGE PARK

资料提供 | 澳大利亚IAPA设计顾问有限公司

地　　点 | 西安
设计团队 | 彭勃、余定、胡彦、Jessica Paterson、Marta B.hlmark、Anniina Hannele Korkeam.ki、冯峰
业主单位 | 西安曲江大明宫遗址区保护改造办公室、西安曲江大明宫投资（集团）有限公司
竣工时间 | 2010年

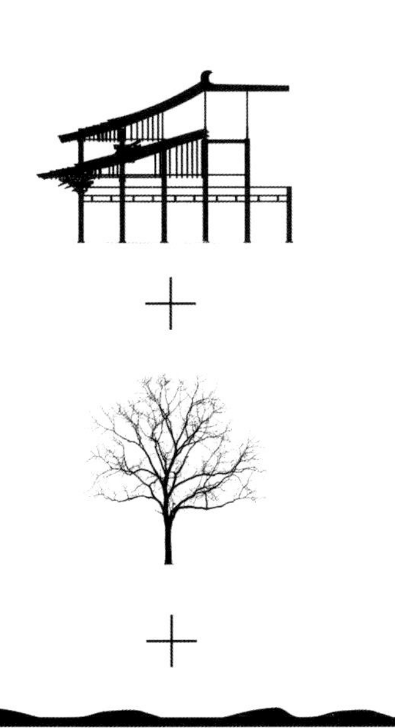

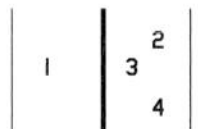

1 局部
2 全景
3 概念构思
4 夜景

2008 年，在大唐帝国消亡之后的一千一百零一年，大明宫国家遗址公园保护与改造工程启动。整个遗址公园中轴线上复建的、主题为"时间的宫殿"的宣政殿和紫宸殿，是这座公园中最具标识性的建筑，由 IAPA 和广州美术学院冯峰教授合作完成。

在这里，建筑是一个时有时无的形象，是一个不断生成中的建筑。时间与季节的变化是这座建筑的材料。建筑在存在与消失之间给了人们贯穿古今的想象。残旧的宫殿框架在变化的树干之间若隐若现，时间的烙印在不完整的宫殿轮廓和沧桑的古树枝干之上有了一个完美的诠释。"时间性"和"生命性"在此具有巨大的表现力。新芽、密枝、落叶、积雪以及宫殿残败的框架将以与自然最贴近的方式诠释关于"大明宫"的一切。

（注：在开园前几天，刚建好的宣政殿的金属框架就被拆除，只留下了完整的紫宸殿。）END

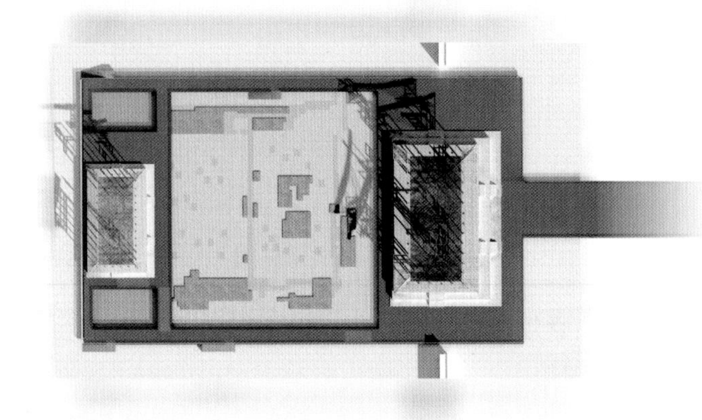

1 | 3
2

1　总平面图
2　全景图
3　立面图

英国伊芙琳格雷斯中学
EVELYN GRACE ACADEMY, LONDON, UK

撰　文	李威霖
摄　影	Hufton+Crow, Luke Hayes
资料提供	Zaha Hadid建筑事务所

地　点	英国伦敦兰贝斯区布里克斯顿
面　积	10 745m²
设　计	Zaha Hadid, Patrik Schumacher
建筑层数	4层
结构顾问	Arup
景观顾问	Gross Max
设计时间	2006年
竣工时间	2010年

伊芙琳格雷斯中学（简称 EGA）是扎哈在英国的首个长期保存性建成项目。该项目使得扎哈继 2010 年凭借意大利 MAXXI 博物馆荣获“斯特灵奖”（Stirling Prize）之后第二次将该奖项收归囊中。

项目背景

EGA 是一所有别于传统中学的学校，可能这也是业主最终选择了以离经叛道为特色的扎哈来做设计的缘由。但 EGA 同样也是一所在英国受到高度赞扬的学校，学校原型来源于美国特许学校运动，2000 年由工党政府引进作为教学改革的方式。学校 2008 年开始招生（当时还在临时校区），声称其坚定使命即是培养杰出、奋进、自律的学生，鼓励他们成为明日的各界精英领袖。EGA 由儿童慈善机构 ARK（Absolute Return for Kids）和当地政府组织合作兴建，在设计师选择的问题上，ARK 的对外联络部主任莱斯利・史密斯说：“我们的初衷是建一所符合我们严谨的设计理念的学校。如果你能与周围最具想象力和创造力的建筑师合作，谁会选择不呢？”

基地环境

EGA 位于泰晤士河南岸，伦敦兰贝斯区的行政总部布里克斯顿（Brixton），该区域的特色是多民族、多文化的聚集。这是一个充满活力的历史街区，以住宅建筑为主。EGA 的兴建不仅是学校模式多样化的体现，还为该区域的城市环境增加了不同的建筑类型，在该社区的本地都市重建工程中扮演了一个开放、透明而且好客的附加项目的角色。

建筑基地位于两条住宅区的大动脉之间，所以建筑形式很自然就同它们靠拢，呈现出强烈的城市都市特点与个性，反映出当地和附近的区域特色。它提供了令人安心的学习环境，因此能够激发学生的创造性。它使用了一切当代建筑所能够使用的材料来营造有益的氛围，为先进的教学过程提供了空间。

设计策略

EGA 采用“校中校”（schools-within-schools）教学组织原则，1200 名 11 ~ 18 岁的学生分别分配到伊芙琳初中（270 名学生）、格雷斯初中（270 名学生）、伊芙琳高中（330 名学生）、格雷斯高中（330 名学生）。四座“校中校”中无论从内部还是外部看，都具有自己的识别性。放学之后这些学校是对当地社区开放的，包括实验室、大厅、体育馆、舞蹈室和健身房等。

为了与 EGA 的教育意识形态相一致，整个建筑的设计力图在高度功能化的空间内创造出自然的分隔样式，从外到内部同时赋予四个小型学校不同的特性。设计师希望教学空间拥有最大可能的自然采光、通风，在材料选择上也以朴素而耐用的材质为主，希望创造出良好的环境。几所学校的共享空间设置旨在鼓励有自然集结点的不同年级的学生们的社会沟通，这些集合点将举行大量公共活动，使不同的住宿时间表能交织在一起。与此类似，外部共享空间也为了创造互动环境而被设计成分层的形式，根据多功能空间集结在一起的设计构想，非正式社交及教学空间位于不同楼层在不同功能空间的交汇处，组成不同层次人群的非正式的社会与教学交相呼应的空间。

空间组织

整个学校由一层的共用设施平台和其上各自独立的学校组成。面向社区开放的、在非教学时间内使用的共享设施位于建筑一层，两个初中位于二、三层，两个高中则占据了四层，而大厅和科学实验室等教学共用设施位于三层和四层各学校之间的中央区域。在这样的设计安排下，一方面，这些共享设施可以灵活地供一个小型的学校或根据需要供多个学校使用；另一方面，当学生们在各自的学校时，水平方向设计的学校大楼使垂直方向的各校间交流趋于最小化。公开与封闭、共享和独立得到了恰当的平衡。

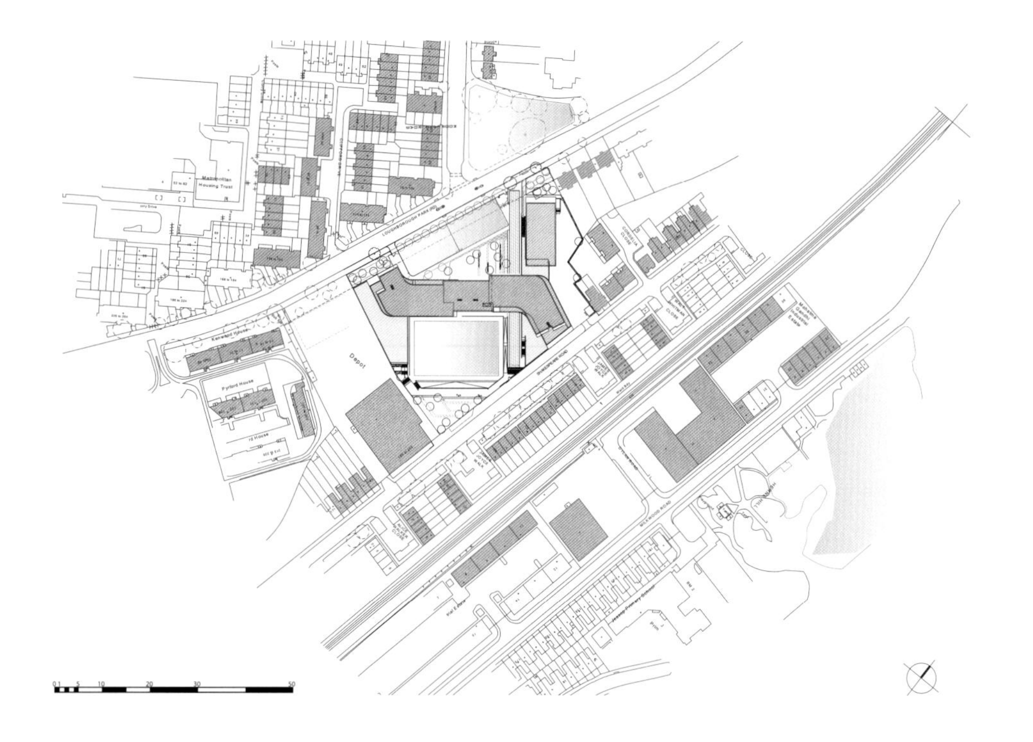

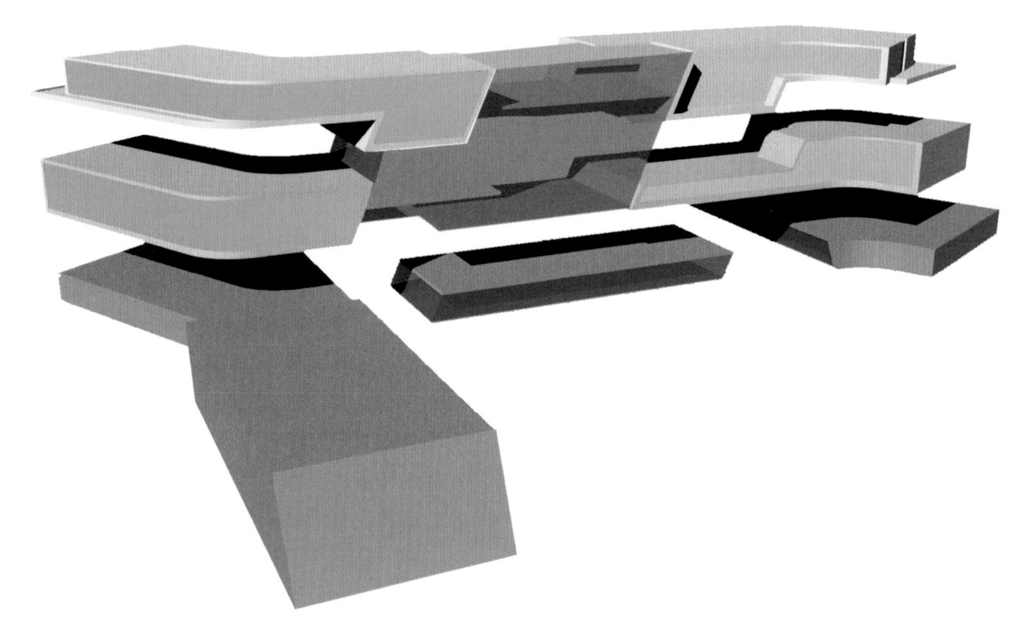

两个初中的学生可以从各自的二层楼梯直接进入自己的学校。除了紧急撤离情况外，初中的学生不需要使用主楼梯，因此避免了来自其他学校的影响。每个中学在内部有两层是通过一个中央楼梯连接在一起的。三层的共用设施可从初中的上层进入，一层的共用设施可从外部进入。

穿过底端的中央楼梯抵达四层，可以分别进入两个高中。格雷斯高中可从自己的二层楼梯抵达，伊芙林高中则从建筑西南的底层进入。通过中央楼梯可以到达三层的共享设施。一层的设施可自由选择三个楼梯井中最便利的一个抵达。为了使交通动线更具有灵活性，管理者还可以根据需要允许部分高中学生通过接待厅经由中央楼梯进入学校中。

访客将从接待厅进入，可以从中央楼梯进入到任何一个学校，员工可根据需要来选择他们想要的进入途径。

结语

扎哈表示，EGA 是一个实验性的建筑，将对成长中的儿童带来深远的影响，她很高兴学生及员工欢迎和接纳她的设计。而对于来自其斯特灵奖竞争对手 Hopkins 建筑事务所的支持者们对此项目的批评（他们更倾向于 Hopkins 的 Velodrome 奥运会自行车场馆获奖），扎哈以一贯的强势表示："要是我设计的体育馆获奖，他们又会抱怨说这奖该颁给一座学校……我曾 4 次落选斯特灵奖，但我从没抱怨过。" END

1 总平面
2 建筑结构组织图解
3 入口 ©Hufton+Crow
4 各层平面
5 建筑外观 ©Hufton+Crow

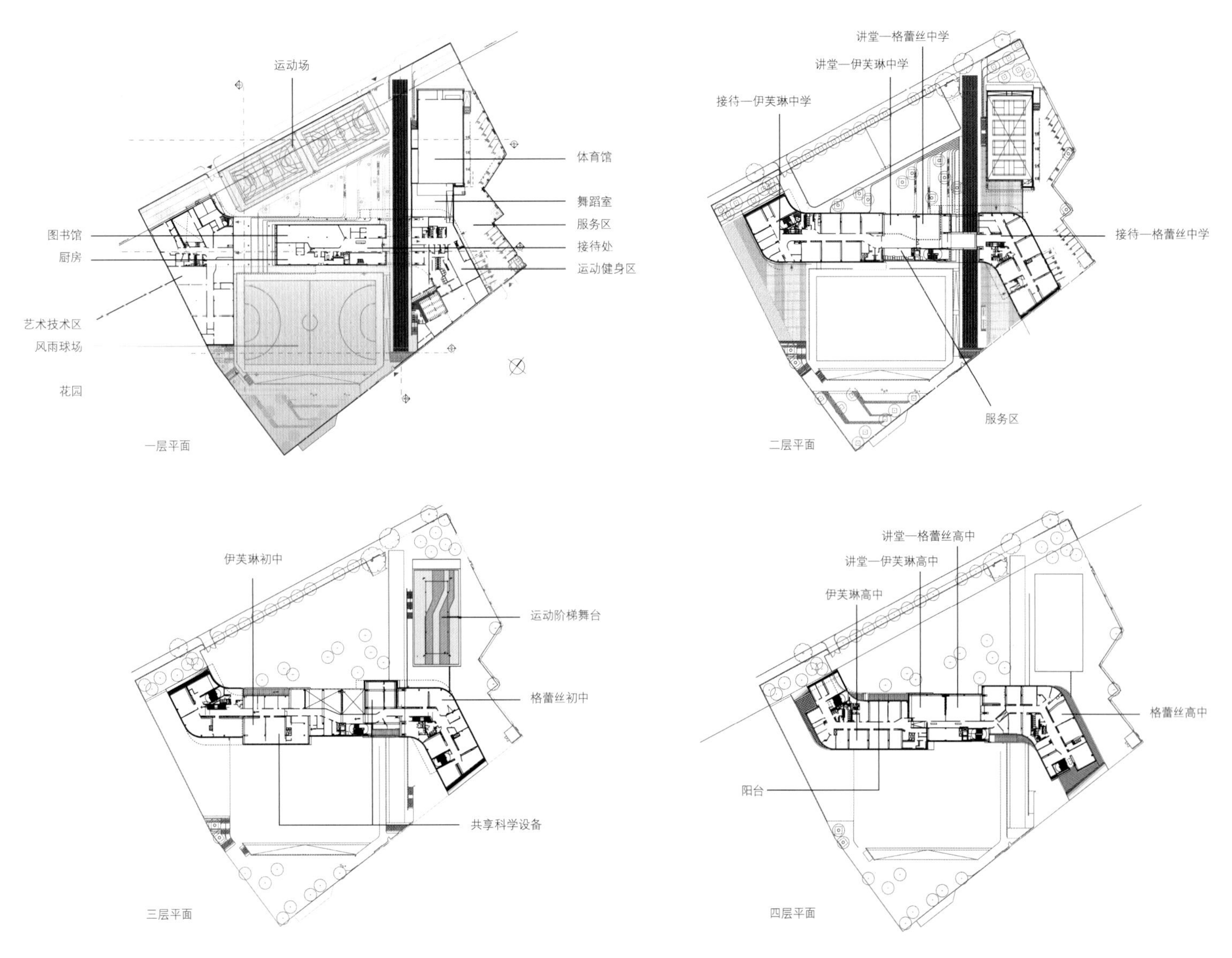
运动场
体育馆
舞蹈室
服务区
接待处
运动健身区
图书馆
厨房
艺术技术区
风雨球场
花园
一层平面
讲堂—格蕾丝中学
讲堂—伊芙琳中学
接待—伊芙琳中学
接待—格蕾丝中学
服务区
二层平面
伊芙琳初中
运动阶梯舞台
格蕾丝初中
共享科学设备
三层平面
讲堂—格蕾丝高中
讲堂—伊芙琳高中
伊芙琳高中
格蕾丝高中
阳台
四层平面

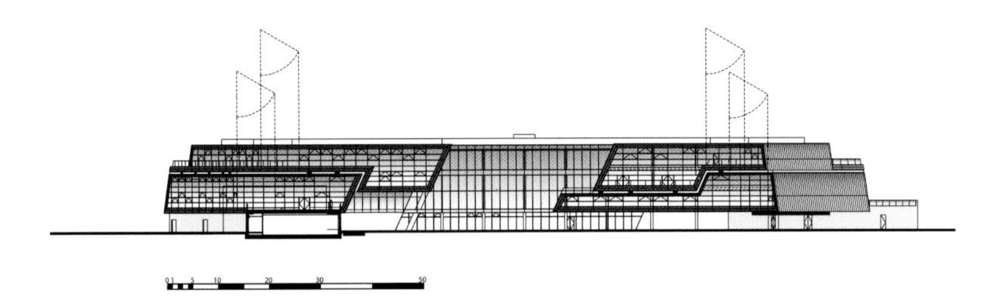

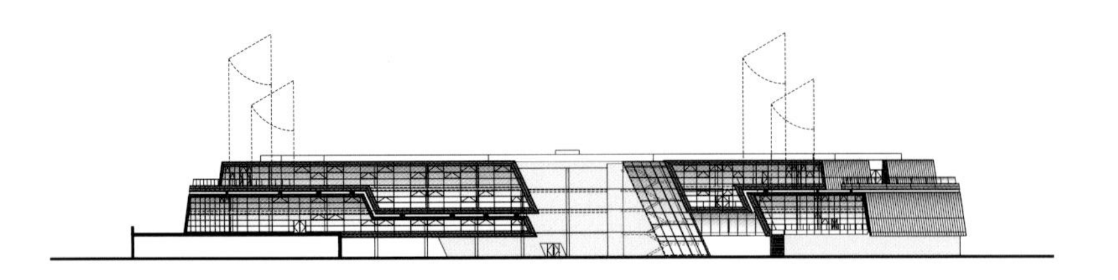

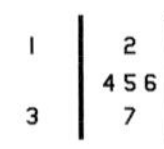

1 立面图

2 剖面图

3-7 建筑局部与立面细部 ©Hufton+Crow

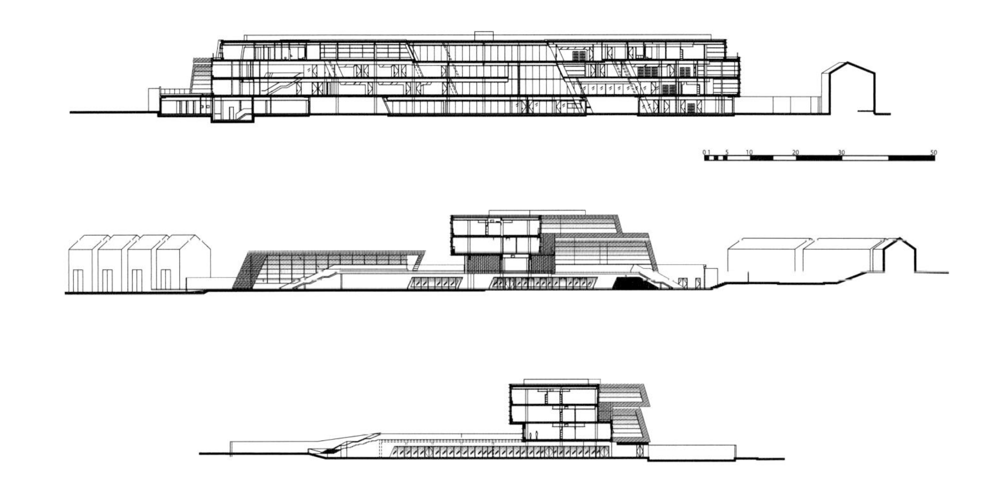

1	3 4
2	5

1 从教学楼看运动场 ©Hufton+Crow
2 大厅 ©Hufton+Crow
3-4 楼梯 ©Hufton+Crow
5 休息区 ©Hufton+Crow

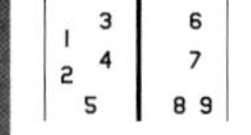

1 运动室 ©Hufton+Crow
2-3 公共活动区 ©Hufton+Crow
4 走廊 ©Hufton+Crow
5 训练室 ©Hufton+Crow
6 色彩明快的橱柜
7 阅览室 ©Hufton+Crow
8-9 教室 ©Hufton+Crow

红牛荷兰阿姆斯特丹总部

RED BULL OF AMSTERDAM HEADQUARTERS

撰　文 | 银时
摄　影 | Ewout Huibers
资料提供 | Sid Lee Architecture

地　点 | 荷兰阿姆斯特丹
设　计 | Sid Lee Architecture
面　积 | 875m^2
家　具 | 2D&W
视觉识别 | Sid Lee
竣工时间 | 2010年

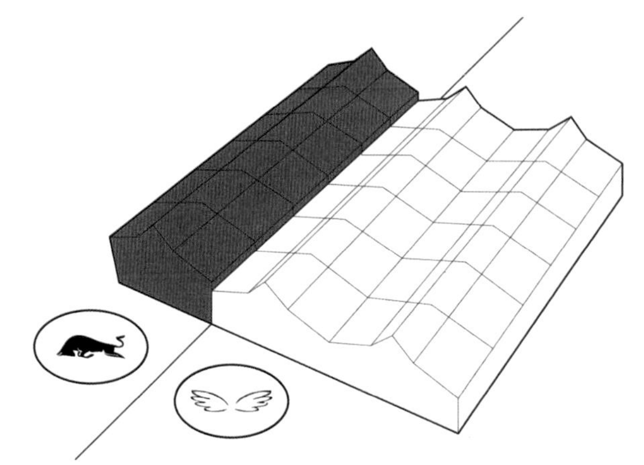

1 气象开阔的室内空间
2 建筑外观
3 空间结构划分概念："野兽"代表公共空间，"双翼"象征私人空间

此前我们曾经发表过红牛位于英国伦敦的总部办公空间，或许还有读者记得那个极具创意和韵律的设计。一如既往地，红牛在其荷兰阿姆斯特丹总部的设计上也给人们带来了惊喜。

2009年，红牛计划将荷兰首都阿姆斯特丹的总部由旧址迁出，并期望无论在区位环境抑或是空间设计上，都能更好地反映其企业文化以及展示出与艺术和运动的关联——这不禁让人们联想到，红牛从来都不仅仅是一个单纯的售卖功能饮料的公司，它一直密切参与竞技体育如F1等项目，更慷慨地赞助极限运动，同时也对音乐、舞蹈等艺术活动给予支持。Sid Lee建筑事务所和Sid Lee企划击败了其他两家竞争对手赢得这个总部设计项目之后，在设计中对业主的这些意图予以了充分的展现。

新总部位于阿姆斯特丹港口区北面，借一家旧造船厂的壳，打造出了一个全新的空间。这片次级城区还保留着当初的港口环境和诸多船舶建筑，比如在新总部基地对面就有一个永远保留的起重机和一个废弃的俄国潜艇；同时这也是一片重新焕发了活力的区域，许多魅力十足的艺术家工作室和主流艺术及传媒企业云集于此。整个场地综合了街头艺术文化的特质与极限运动的张力，也为设计奠定了基调。

室内空间的设计主要围绕红牛的品牌理念与精神展开，设计师将红牛的哲学、核心价值观、市场目标以及品牌个性融汇并集中展示。造船厂内部空间结构由三个相邻的开间组合而成，根据各自的用途与精神划分空间并形成一种"对立"，在功能上有着公共空间与私人空间之分，公共区用"野兽"这一意象描述，而私人空间则用"双翼"象征。在精神上暗喻一系列对立而又互为补充的概念如感性与理性、艺术与工业、黑暗与光明，左脑与右脑等等。

设计师试图将厂区近乎粗暴的极简主义色彩与红牛对于表达和展现的隐秘鼓动结合在一起，通过内部架构多层次的含义来表达这种双重性格，让空间的使用者时而联想起山崖峭壁，时而又联想起滑板坡道。一些三角形的多棱壳体如同从船舶上撕扯下来的体块，围合出一系列半开放空间，从下面看是一座座"龛"样的空间，而从上面看则是贯穿空间的桥梁和夹层。在这个空间中，没有什么是被清楚设定的，一切都只取决于如何诠释。这种模棱两可的空间氛围正是基于红牛的哲学，传递出思维与身体、娱乐与工作、社会性与私密之间的二重性。

三个开间中，第一个完全是公共空间，另两个则是管理层办公区及工作站。公共空间在外观上简单的二分法掩盖住了其他的矛盾，一个简单的空间中可以涵盖不同形态、不同功能的其他空间，比如封闭的录音室与开放的娱乐空间相邻，半围合的龛体穿插于开敞的空间形态中。秉持同样的精神，个人空间亦保持着开放，以在集中于中部的工作站与环绕其外的管理层办公室及其他功能空间之间形成交流。顶部整跨的天窗带来遍布各处的充足自然光，将整个空间统一起来。

在平面设计与家具应用上，更可以看出明显的街头风格与极限运动元素。卫生间中，马赛克圣母像变身音乐DJ，一副耳麦，一副墨镜，现代感十足；马桶带了一双可爱的翅膀，幽默感与亲和力十足。机翼造型的桌子与墙面上的机身绘图浑然一体，也恰如其分地点出了了红牛的运动精神。所有这一切细节丰富了空间，使其最终成为红牛在阿姆斯特丹最亮眼的"形象代言人"。END

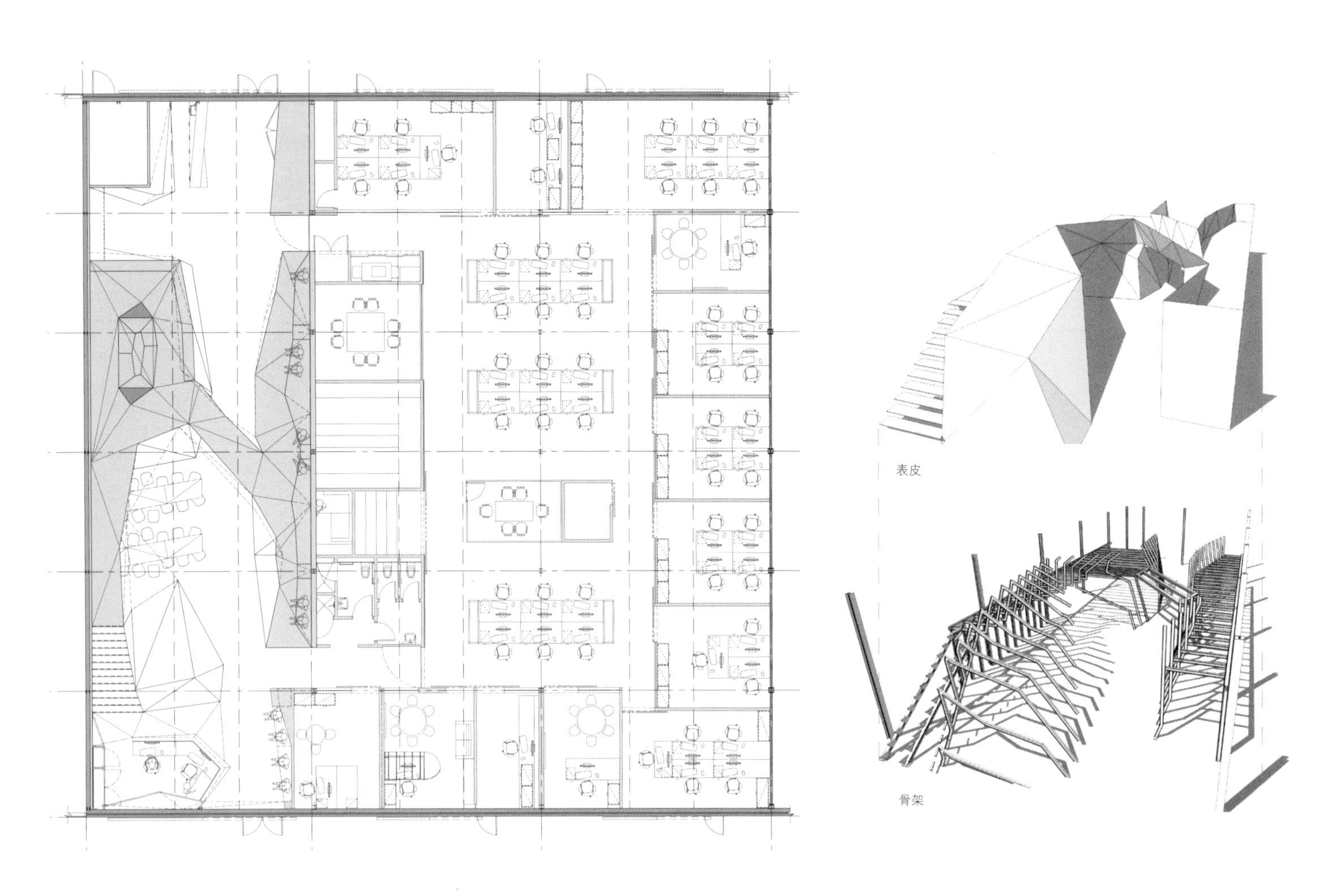
表皮
骨架

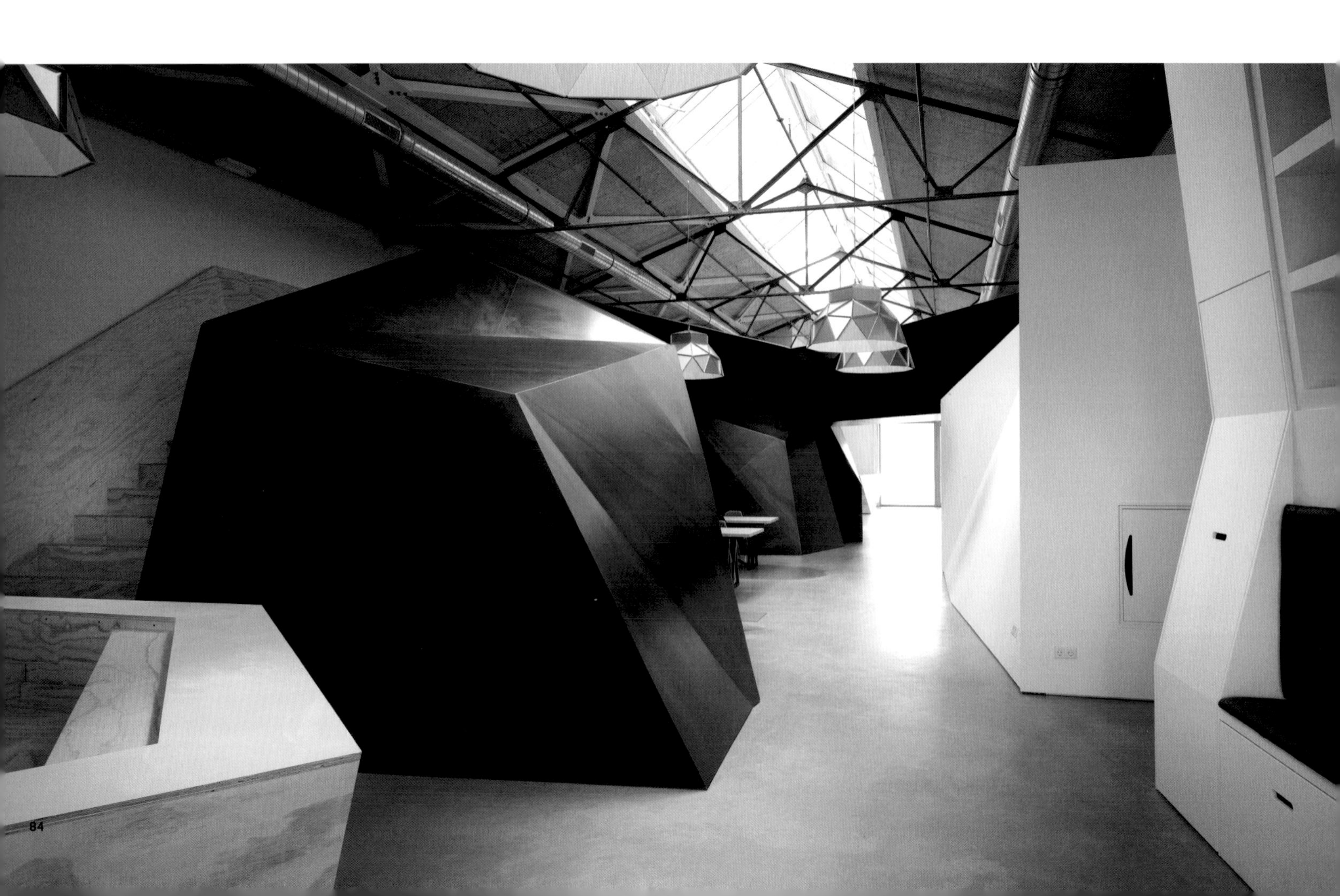

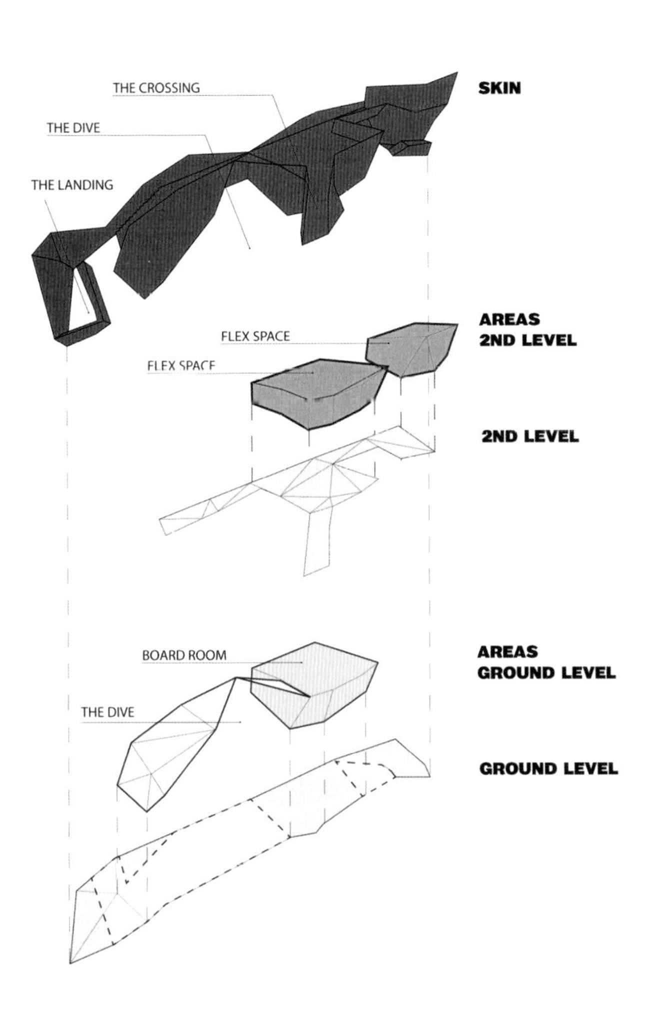

1 2	3 4
5	6 7 8

1 平面图

2-3 公共空间结构示意图

4-8 一些三角形的多棱壳体如同从船舶上撕扯下来的体块，围合出一系列半开放空间

1 2 3	5
4	6

1-3 一样的龛体，不一样的色彩

4-6 从上面看，一座座"龛"样的空间变成了贯穿空间的桥梁和夹层，时而如山崖峭壁，时而又如滑板坡道

Bull

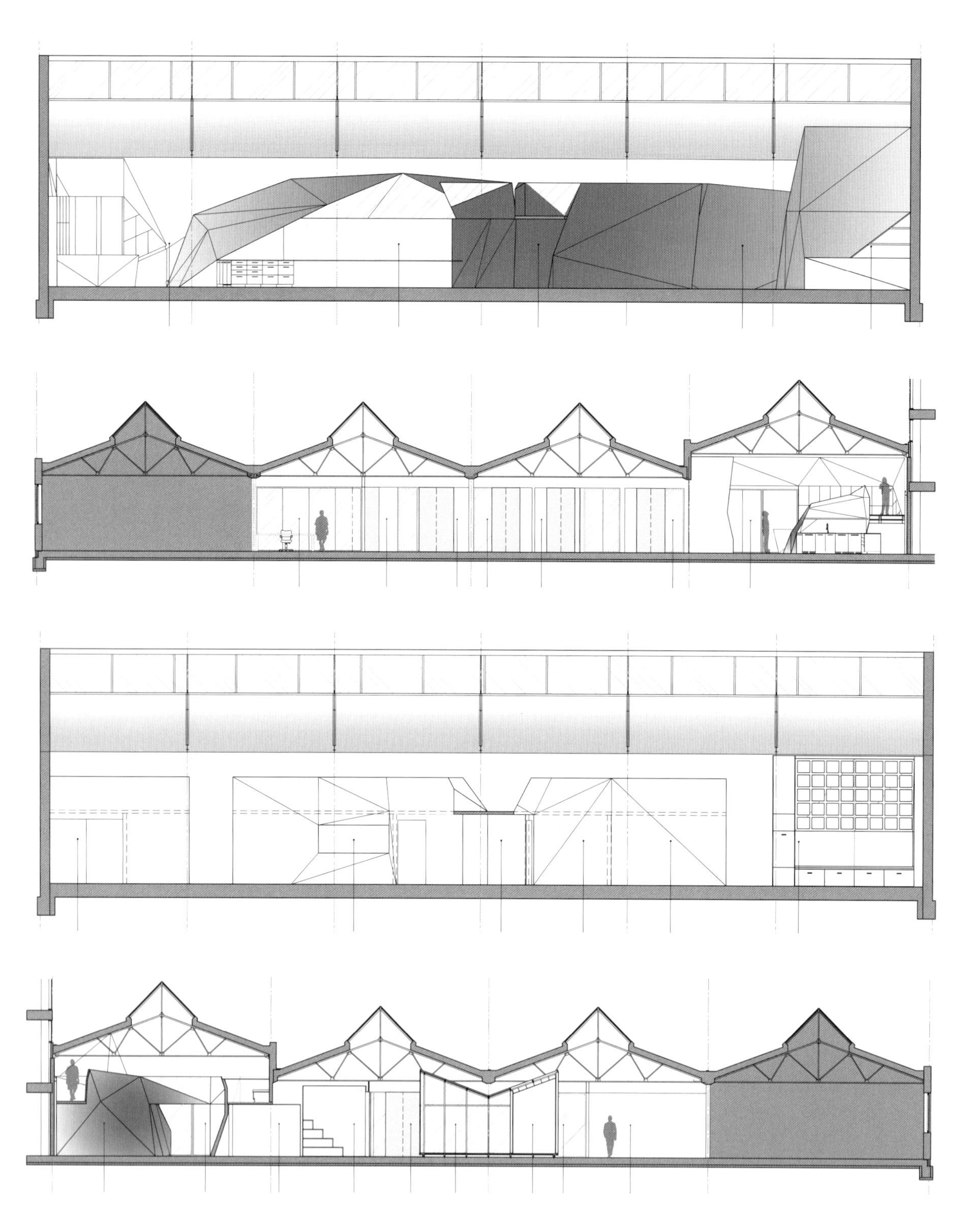

1	5 7
2 3 4	6 8

1 剖面图
2-4 过道空间也不会乏味，窗洞通往各种精彩，转角亦会与涂鸦相遇
5-7 金属镂空壳体与玻璃表皮包裹出不一样的会议室
8 夜晚，灯光效果如繁星落入室内

STRATOS

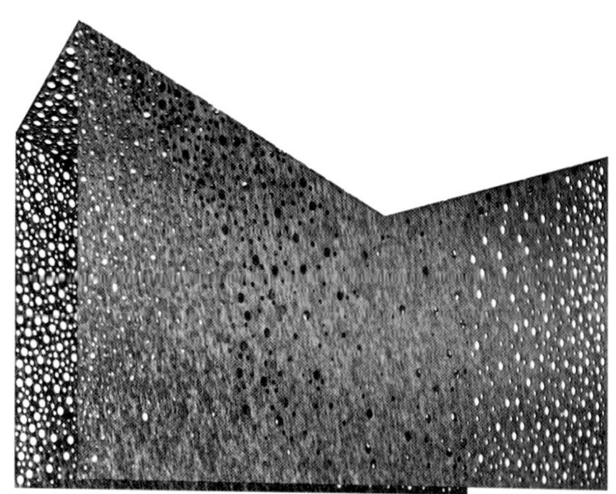

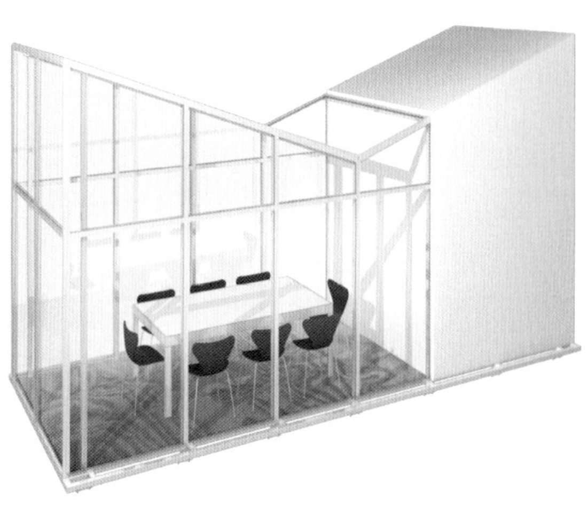

LEADING THE ENERGY DRINKS MARKET & BECOMING THE NUMBER 1 BEV

1	4 5
2 3	6 7 8

1 顶部整跨的天窗带来遍布各处的充足自然光

2-8 在平面设计与家具应用上，更可以看出明显的街头风格与极限运动元素：趣致的墙纸；楼梯间的涂鸦；卫生间中马赛克圣母像变身音乐DJ；机翼造型的桌子与墙面上的机身绘图浑然一体……充分点出了红牛的运动精神

卜冰：殊途的漫游

撰 文 | 夏至

卜冰

1973年生于扬州，现任集合设计主持设计师，先后于清华大学建筑系和美国耶鲁大学获得建筑学学士与硕士学位，2000年加入马达思班，2003年创立集合设计

主要设计作品：上海浙大网新科技园、宁波五龙潭山庄、上海朱家角西镇城市设计，以及先后在北京、台中、华盛顿展出的云屋艺术装置等

参展：成都双年展（2011）、“复感—动观”海峡两岸当代艺术展（2011）、上海双年展（2002）、深圳香港城市建筑双城双年展（2007）、布鲁塞尔CIVA“建筑乌托邦”群展（2008）

策展：上海“土木回家”展（2002）、柏林AEDES建筑论坛“宁波一个中国城市的推陈出新”展（2003）、北京BCA“不自然”展（2009）、上海当代艺术博物馆“蜃景”展（2013）

ID =《室内设计师》
卜 = 卜冰

70后的青春，凝重里绽放的张扬

ID 您出生在扬州，感觉好像有不少设计名家是扬州人，您是怎么想到要学建筑的？而且没有去离您更近的东南大学或同济大学，而是去了远在北京的清华大学。

卜 扬州是一个特别市井化的城市，这个城市从不回避与商业的融洽关系。在我小时侯的印象中，扬州是一个热衷消费的城市，大家会把钱花在吃喝玩乐上。扬州多园林，教科书里往往会说扬州园林多为盐商所造，档次较低，是商业园林，其实若把人为设定的商业园林或文人园林的前提拿开，都是各擅胜场的。对扬州城市以及园林尺度的观察和体验，对我做设计的方法是有影响的。不过高考的时候对于选校倒真的没有什么特别的考虑。中学的时候我是更喜欢美术的，可是因为成绩比较好，老师们就很反对我考美院，说既然如此就学建筑吧，也是跟美术有关联的。结果学下来，发现差异还是挺大的。

ID 那北京在您的印象中又是怎样的城市？您在清华学建筑的生活是什么状态的？前阵子很多建筑师吐槽电影《致青春》里面建筑学学生生涯拍得很外行，作为过来人，您的校园生活是那么充满激情吗？

卜 北京，我就不觉得这是一个城市……或许北京代表了人类生活的某种未来吧，一种高密度的聚集体。其实在我读书的那个时候，清华的氛围是有一点点闷的。清华跟同济不太一样，不是非常外向型的，和外界的信息交换也没有那么频繁。我那时不能算好学生，但也不是叛逆型的，可以说有点“蔫儿坏”。成绩很少拿优，还记得老师有次差点给我不及格，恨铁不成钢地对我说：“你可以做得很好，为什么就不好好做呢！

ID 我看您的一些作品，特别是装置作品，还是蛮有浪漫或感性色彩的，那在清华这样偏内敛闭合的环境中您有没有觉得气场不合？或者说产生很多质疑？

卜 这倒不会。质疑肯定会有，我们这代人当时面临的整个建筑教育体系基本都是偏紧缩和内向的，但一所学校的氛围不见得会限定里面每个学生的兴趣或偏好。清华的建筑教育是比较传统的，就是功能决定形式的套路，但又不是详细系统地按照西方现代主义建筑的训练模式，而是更“有中国特色”。这种方法有时会屏蔽掉很多信息，甚至会令人有首先是建筑、其次是设计之感，排除了很多个人化的东西。但当时学校里还是有一些年轻的老师，他们做了很多努力，让我们觉得还是可以做“设计”，可以做“自己”的设计，可以做一些形式大于功能的东西，这是很有意思的。比如三年级时单军老师带我们设计课，对我做设计的态度方面的影响也比较大。

ID 五年下来您觉得自己真的喜欢做设计吗？

卜 其实到本科毕业，我对于建筑的理解还处在一种比较矛盾的状态。学了几年，却有点不知道自己在做什么，对将来的职业方向也不是很明确。我毕业设计没有选建筑方向，而是选了城市规划。那时也是受到乔全生（现在的AECOM中华区总裁）的影响，他当时刚在哈佛读完城市设计硕士，来清华做系列讲座，我听后觉得很有意思——至少这是个知识性较强的学科，去跟老师学习、接触很多项目的情况，能了解很多有意义的东西，做一些有意义的事，所以后来我去留学，选的也是城市设计专业。

学更多，尝试更多

ID 您在华东院工作了一年就出国留学了，是早有打算还是开始工作后决定的？这一年的工作经历是怎样的？我看到有报道说您是对大院论资排辈的风气不满……

卜 出国留学是工作后才决定的。当时在华东院主要是在方案组，做一些前期或竞图方面的事情。慢慢就发现和硕士、博士背景的同事比起来，自己文化程度不够，继续这样下去局限太大了，不要说没法说服别人，甚至没法说服自己。当时不太能看得到通过天赋和阅历积累来获得某种成果的那条路的走法，虽然很多人都选择了那样的路。我决定留学的主要原因，是觉得受教育程度跟一个人的思维方式乃至决定自己要走的路都是有关系的，所以想多学点东西，没想到居然被某些媒体"浪漫"地断章取义了……

ID 在耶鲁的求学生涯是怎样的？

卜 耶鲁其实是个比较小的学校，建筑学院每年招的人也不多，几十个而已。她不会像宾大或哈佛那样特别务实、强调培养在专业上有领导地位的人才，也不大会特别侧重某一方面或排斥某一方面。我是1998年开始在耶鲁读书的，刚好Robert Stern开始担任建筑学院院长，开始大家都蛮反感他，觉得他走后现代主义路线的，看不上他的作品，担心他会是保守派等等，可后来发现他作为院长其实非常善于平衡，设计课外请的老师各派都有，不会偏颇。这其实也是耶鲁整个的价值取向——注重个人选择，强调个人的探索、自己决定自己的方向，不会把学生塑造得千人一面。两年下来，我觉得思路和所能看到的界面就比较宽广了。

ID 毕业后又是工作了一年……

卜 对，但这一年不是在设计事务所工作，而是在一家地理信息公司。当时刚好有那样一个机会，也是跟我个人兴趣有关，觉得能做点建筑之外但也不是完全跟建筑无关的事情挺好。我感觉我其实是那种走路总是不走直线的，因为总想尝试各种不同的方向。所做的工作跟地理数据、大城市三维电子地图有关，有点像10年后谷歌做的事情。后来刚好认识了马清运，因为工作比较清闲，就被他拉去帮忙做些国内项目的事情，最后索性就去了马达思班。

ID 在马达思班的工作跟前面两段工作经历相比应该差别还蛮大的吧？

卜 这其实可比性不强。以前接触到的一些设计环境可能并不是非常适合我，我觉得在马达是我真正开始学建筑、做建筑的时期，也是我真正确定要走设计这条路、感受到这件事的意义的阶段。那时做得比较多的是城市设计方面的工作，在马达做的第一个规划项目是万科委托的一个上海北外滩城市设计研究，巧合的是，1996年我刚到华东院做的第一个项目也就是那块地的城市设计，这个项目令我确定了自己的兴趣所在，把城市设计作为自己将来工作的一个重点。当然，同时也接触很多建筑设计方面的事情，开始有意识地考虑如何动手去实际操作项目。马清运是一个在管理上很有方法和智慧的人，马达的规模和操作模式也让我更明确如果自己开业应该在怎样的层面上操作，找到自己的切入点。

1-2 宁波五龙潭度假山庄
3 浦东滨江公共空间概念性城市设计2007深圳香港双年展参展模型
4 浦东滨江公共空间概念性城市设计概念
5 浦东滨江公共空间概念性城市设计总体鸟瞰

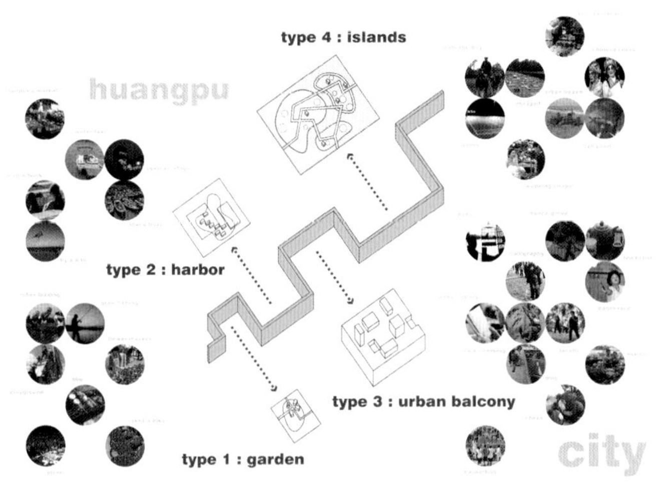

在城市的幕后

ID 2003 年您开办了自己的事务所，这种发展速度应该是比较快的了。这十年来事务所的规模经历过扩张或收缩吗？

卜 其实都没想太多，就是突然发现自己已经在这个位置上了，可以独立操作项目，也明白了很多事情该怎么开始去做。上海是我比较喜欢的城市，包容性强，城市空间的多样性也是最丰富的，我可以在这里找到中国各种城市的范例，所以我会住下来，把事务所开在这里。开业十年，事务所基本保持十几二十人的规模，变动不是很大。

ID 起初是什么样的项目比较多？

卜 城市设计、建筑设计等各种项目都有，应该说是从规划类的项目开始的。其实我觉得直到现在很多人对城市设计这个领域都不是特别理解，以为那就是一些甲级规划院做的事情。但其实一直有这样的需求，要有人从建筑师的角度也好，从城市研究者的角度也好，对城市做梳理、做研究、提方案，这甚至是发生在总规、控规之前的。

ID 城市设计所涉及的方面非常多，在把控上是不是更困难？您做城市设计的切入点在哪里？

卜 小建筑的把控也是很难的，我觉得程度上差别不大，关键是看你能不能把复杂问题抽象成合理的模型，能够操作下去。简单一点讲，我是把它当作一个设计来做。很多人把城市设计理解成是规划、是各种政策的妥协，但我更倾向于作为设计来处理。一旦作为设计来应对，会有情感的问题，有个人的问题，当然也要处理解决很多矛盾和复杂的状况，更重要的是你能把这些捏到一起，呈现出一个完整的、经由设计产生的结果。

ID 这个设计成果跟建筑设计作品相比，显然没那么具象化或有辨识性，对您而言做城市设计的吸引力或者成就感从何而来？

卜 举例来说吧，我在马达的最后一个项目是北京三里屯 village 的规划，最早的概念是我们做的，后来限研吾做了建筑设计。每次去到那里，几乎看不见我们最早的东西了，但是那个物理环境——六个区块的划分、斜向的道路、广场等等，还是最初那个简单的规划决定的。城市设计充满包容性，你把框架制定之后，会有各种各样的内容填充进来。而且城市设计跟别的设计不一样的是，它不是独裁的设计，绝对不会出现诸如我不允许住户挂其他颜色的窗帘之类的情况。我提供一个最大的可能性，不光是后来的建筑师会进来做不同的东西，商家也会对空间有不同的使用，个体在其间会有不同的活动，这些共同构成了这个城市设计的结果。城市设计者是隐在幕后的，而隐在幕后或许是一种更大的控制，如果说大家的兴奋和着迷来自于控制的话。建筑那种控制，我觉得更多是物质层面的；但如果能给一个区域设定发展的方向，而这种方向的控制是弹性的、动态的，这要有趣得多。

ID 说到控制就不免要联想到设计师的权能以及社会责任的话题，对此您怎么看？

卜 我觉得建筑师作为一个职业，首先要具备职业道德，要对你的业主负责。与此同时，可能会出现社会利益层面的分歧，比如业主的利益和社会大多数人利益的矛盾、和建筑师个人的社会道德取向的矛盾，那你就要面对如何调节这些矛盾分歧的问题。说实话，从我这么多年做城市设计的经验来看，很多时候企业的行为方式比政府更负责任一些。企业要获利，要经受市场考验和政府审查，往往没那么不合理，反而是一些政府的面子工程更让我们为难。

ID 那么有没有一些不太成功的案例？一般问题会出在哪儿？

卜 当然有。会有技术、经济层面的问题，或是考虑不足，没能把设计意图传达到未来的执行面。毕竟城市总在不断变化调整，会有新的规划叠加上来，可能就会抵消掉最初的设计。

ID 完成度也很难把握吧。

卜 我从来不觉得我是一个有完成度的建筑师……从城市规划角度来说，我们更像是一个“刻意”在“失控”的设计单位。

巡游不同界域

ID 你们会挑项目吗？

卜 会有选择，但没有挑得很厉害。我接项目一般跨度都蛮大的，小的像最近做的杭州湾新区公园里的公厕、售货亭等单体小建筑我们也做，大的十几万平的商业综合体也做。这可能跟我个人的做事方法也有关系，在还不清楚自己最想要什么的时候，我宁可先做、先尝试，在各个方向上都尽可能做到极致。

ID 您怎么判断一个设计的得失？

卜 我觉得一个设计，如果在某一方面有其存在意义，不管在视觉上打动你，还是在使用上让你舒适，就都可以算是好的设计。成功是可以展现在不同角度的。

ID 在设计之外，您对展览好像也蛮关注的。我看差不多从2002年的上海双年展开始每年您都会有国内或国外的参展经历，甚至亲身上阵担纲不少颇具影响力的建筑、艺术展的策展人。展览这件事情有什么魅力吸引您来参与以及吸引观众来欣赏的？

卜 做展览或许还是跟最早对美术的情结有关，包括有一些展览会跟很多艺术家合作，像中国美术馆的“云屋”，是以一种更接近艺术家的身份去参与。这个作品就是个公共艺术装置，没什么功能，当你看到人们喜欢它，看到小孩子在里面玩得很开心，那种成就感跟完成一个建筑是有很大差异的。我参展或策展的目的倒不一定强调要吸引多少人来看，我个人比较排斥那种教育型的展览。比如说，我觉得一个建筑展最糟糕的状态，是专注于告诉人们什么东西是什么样子，顶多现场摆一个模型在那里，这个目标通过阅读也可以实现啊。我认为展览有意思的地方在于，它能把建筑拉到艺术的范畴里去做。它是一种让大众了解建筑的比较不同的沟通手段，是建筑在“建筑之外”的沟通手段。可能对我来说，沟通是做展览最重要的部分。

ID 那么您觉得自己参展、策展活动的沟通效果怎么样？

卜 沟通和互动是双向的。我知道这件事情传播了、有人看到了、说起它会有人知道是怎么回事，这对我就足够了。比如成都双年展的作品“罄竹难书”，互动性很强，参与互动的观众就比较多，那个反馈的结果会让我觉得非常有趣。我更喜欢看人怎么“用”我的展示作品、怎么跟它发生关联。展览不像设计项目，先要与业主关联，对公众是间接的；这些艺术装置作品直接面向公众，反而更纯粹，可以检验更多想法和理念。

ID 我看您好像也在做教学方面的事？

卜 对。以前帮交大带过一个本科的课程，那个课程真的就是以鼓励学生不要害怕、可以勇于尝试去做形式为目的的……这三年一直在同济带一个城市设计方面的两个半月的短学期课程，是研究生课。这个年龄、阶段的研究生，精力、能力都是很巅峰的时候，你帮他设置一些设计的前提和方向，他能拿出来的成果会令你非常惊讶，也是非常有意义的。我比较欣赏一个学校能持有较为开放的态度，给学生提供更多选择，这点上同济做得是比较好的。

ID 除开这些设计、展览、教育，您觉得自己还有日常或平常的生活吗？

卜 好像也不多了……说到其他的话，我还和两个朋友在朱家角古镇开了一家咖啡馆，叫西井汇，一个老宅子改的咖啡馆和客栈。夏天的时候，晚上谭盾他们在那边有演出，演出的人和看演出的人往往都在这里消磨下午的时光。

ID 您怎么评价自己？

卜 好像没太想过……我不是一门心思专注一件事的人，兴趣比较杂；读书的时候不算好学生，现在也不算好建筑师，但我希望自己是一个能随时对不同事情保持兴趣的人。

ID 您未来有什么构想或计划？比如个人状态更“杂”或是“敛”一点、事务所做大点之类？

卜 这两年也在寻找突破或改变，要改变可能会是比较大的变化，包括工作组织的方法、自己在做的事情等，但目前还没有特别明确的方向。也说不定会定下心来做个好建筑师…… END

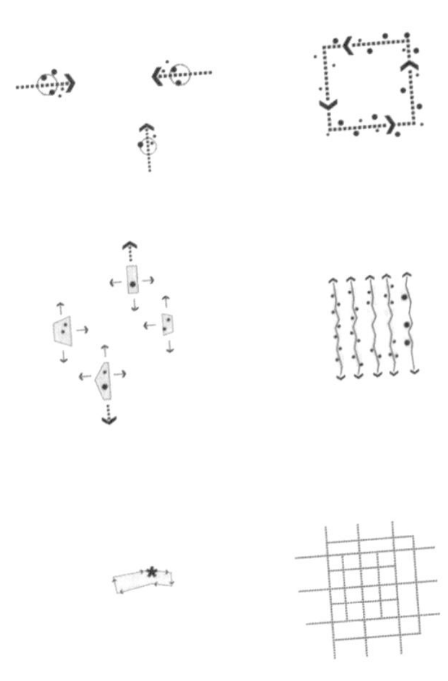

1 2 | 3 4 5 6 7 8

1 廊坊科技谷总体鸟瞰
2 廊坊科技谷设计概念
3 弘大奥仑实业办公综合体
4 弘大奥仑实业办公综合体建筑内景
5-8 云屋公共艺术装置

蜃景

撰文 | 张佳晶
摄影 | 张佳晶

2013年5月18日至7月18日，上海当代艺术博物馆推出了一场特别的展览，让十二组建筑师或艺术家以博物馆为主题，用泛视觉艺术的方式，以自己的角度重新表述博物馆建筑。展览由章明、卜冰、张佳晶策划，由上海当代艺术博物馆、亚砌文化主办。

策展方强调这是一场用"呈现"的手法而非"再现"方式表达当代中国博物馆建筑的展览，并将其诗意地命名为"蜃景"。对于这样一个以全新方法探讨博物馆建筑命题的展览，我们存在好奇。此次，我们在"论坛"栏目就邀请了该展览策展人之一张佳晶将展览的全貌加以呈现。

首次作为策展人，又同时兼作参展人——这种现象在当代艺术展中并不多见。这种双重角色的产生大概归功于建筑师这个职业的特点——从宏大到微小的事无巨细，以及行走在艺术和技术边缘的拾荒者。

在跟章明及卜冰决定接受这个策展任务的时候，大家首先明确了一点：我们不会做一个"十大杰出"及"歌功颂德"的盛典，只是想通过当代艺术的方式对博物馆建筑进行"呈现"，无所谓批判，也无所谓赞扬。

"蜃景"这个名字的产生有一个鲜为人知的过程。展览策划的最初期先是想到过"剖·析"这个名字，本想用建筑师最常见的工作方法——"剖面"的方式来表达博物馆建筑，这同时也是我的团队——高目出品的装置"九段"的最初始构思。后来随着思考，也曾经演变到"断想"——取自泰戈尔诗集"断想钩沉"的前两个字。随着各位艺术家的到位及三位策展人思路的更加清晰，讨论中我们首先提出了"海市蜃楼"这个名字，经过线上和线下会议中的无数次碰撞，最终三位策展人一致通过，定名为"蜃景——中国博物馆建筑的十二种呈现"，原作的张姿女士还为此写了首诗歌。于是，一个传统意义上本来应该表达"胜景"或是"盛景"的建筑展览，演变成了一个呈现"蜃景"的当代艺术展。

由于无知而无畏，同时作为策展人和参展人的我倒也没觉得二者兼顾有什么不妥，相反，倒觉得在贯彻展览思路上更加简单顺畅——自导自演对建筑师来说也不是什么新鲜事儿。

"呈现"是策展人的一种态度，我们的建筑界及艺术界，往往是从歌功颂德的状态直接跳到批判的姿态，批判变成了一种职业，或者一种宣泄方式——你高屋建瓴比肩我居高临下——尤其在良莠不齐的网络时代，断章取义及碎片化的信息充斥满屏，人们往往用偏见批判正见，用偏见佐证偏见——这也正是俞挺装置"正见"的原意。

十二个作品中，我们选择了五个视频影像

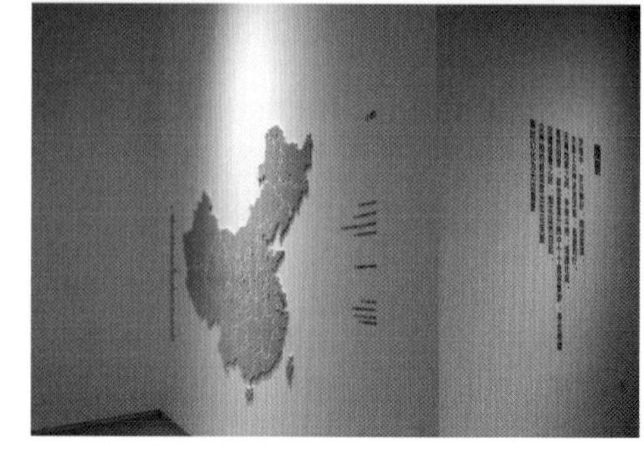

作品和两个互动体验作品也是为了用非建筑的方式来表达建筑；我们也选择了四十几个未建成的博物馆模型来形成“未建城”这个展中展，基本上也宣告了我们时时不会放弃的建筑师职业本身。

而原作设计的“大的 / 小的”这个装置作品告知了我们中国的博物馆建筑迅猛建造的现状之蜃景；高目工作室的“九段”偏执地切开了展览所处的上海当代艺术博物馆本身也明白地反映了如此繁多的博物馆建筑都是遥不可及，而我们熟悉的只是身边的一座，能和我们发生关系的不过是那繁华似锦中离我们最近的一片叶子。

都市实践并没有如大家所愿的那样提供一个视觉观赏性的“物”，而是带来了一个街道空间——“B10 升级策略— OCATEA/HQ”，这串符号虽然不是那么浅显易懂，但现场的体验告诉了大家，博物馆不应该是社会精英们穿着礼服端着红酒装模作样的“艺术殿堂”——虽然我们也经常这样。它更应该是一个充满碰撞与互动的容器，而容器以“容”为“大”——这个展品第一个参与互动的人恰好是参展人俞挺的小女儿。

“未”这个字在本次展览中重复出现，一次是“未建”,一次是“未知”,两次是“未来”。其中两个“未来”作品所不同的是——袁烽出品的视觉作品“未来博物馆的全息蜃景”是未来的一种可能；而 Jeffery Johnson 及其团队的“美术馆的未来”呈现的反倒是中国博物馆建筑的“过去与现在”，他和他的团队更多的是表现出对当下中国现状一种惊诧的“未来”展望。

“未知博物馆”是这十二个展品中唯一一个跟建筑师无任何瓜葛的作品——当然除了在参展艺术家画了草图之后由建筑师来协助构造节点以外。“借艺术”是未知博物馆的主旨，人们可以在买了门票但连饮料都不允许带入的二楼观展之后，走到三楼就可以免费将艺术品借回家中，这本身也是对现有博物馆制度的一种“反对”——尽管艺术家自己写的是“反思”。

冯路和刘宇扬的“未建城”是最后才被决定下来的参展作品，过程中名字曾经在“为建成”、“未建成”、“不为建成”、“不建成”之间纠结，甚至还被调侃过“未贱成”，最终讨论拍板定为“未建城”。“建成”曾经是纠结在建筑师领域的一个心病，但未建成的作品除了想法天马行空更具观赏性以外，未建成本身也可能是对城市“蜃景”的救赎。

“蜃景”展中也有三个作品是用对立词的：原作的“大的 / 小的”、刘家琨的“佛陀的 / 众生的”、卜冰与柴涛的“看 / 被看”（虽然他们本来叫博物馆观察，可他们也说“你看博物馆的时候博物馆也在看你”）。艺术家用对立词概括作品可以拉开观者的视角，换位观者的内心——对立也是一种平衡的哲学观。

展品中多次出现的“反射”增强了蜃景之“蜃”——水面的反射、镜面的反射、凸镜的反射，这看似很俗的手法也让很多展品不分彼此——整个展厅就是一件完整的展品。

这次展览中还有个特别的地方就是作品之一的“飞行美术馆”并没有出现在现场，或者说暂时还没有出现在现场。“飞行美术馆”是主办方之一 Arch!choke 亚砌文化的一个常年计划，第一座“飞行美术馆”已经降落到 1933 老场坊，这是个病毒似的迷你构筑物，它将无处不在。至于下一步会飞到哪？何时飞入上海当代艺术博物馆？还不得而知，只是在“蜃景”展入口的白墙上有一个小小的 IPad 直播着它的状态。

“九段”这个作品来自我的团队——高目工作室，最初想“剖·析”的时候，本来是想选择九个博物馆建筑进行剖析对比，但是很快就放弃了这种面面俱到的建筑师思维方式，我们只选择了一座来下刀——由章明设计改造的上海当代艺术博物馆。

请注意下面这段文字：

“装置的内容就是把上海当代艺术博物馆的模型‘大卸九块后倒置’。这个分解后展示的过程犹如解剖学家展示被分解的动物标本，观众得以仔细观察艺术馆的内部构造并在想象中拼装还原完整的艺术馆结构。艺术家采用摆弄积木的方式处理当代馆模型，引入了颠覆式的观察角度，以一种戏谑的、轻松随意的姿态来审视上海当代艺术博物馆——曾经的南市发电厂，这座浓缩了城市发展历程的工业建筑——如今的城市新地标。这座建筑物身上凝聚的历史的沉积感以及当下的重要性随着模型的分割和倾覆被瓦解和倾倒掉。这隐含了艺术家对待过去、当下和未来的一种态度。模型的外表敷裹着一层闷闷的稍带艳俗感的蓝绿色，把钢铁的材质包裹得严严实实，如同穿上了一件不透气的外套，似乎在提示观众这座城市当下鲜亮世俗、让人窒息，同时还是倾覆历史的状态。艺术家创作的时候凭借直觉，完全可能没有那么分析和考量。艺术品的生命拜艺术家所赐，但艺术品的价值和意义还需要在观众那里获得。创作和欣赏属于两个领域，欣赏阐释因人而异，获得的解释可能很到位，也可能荒诞无稽。”

上面这段文字并不是我写的，高目工作室对这个“九段”装置所做的一切都是模糊的、凭生理直觉的，甚至在导览手册中我都没有写太多的“设计说明”，而只是通过制作过程的网络直播，在与素昧平生的网友艺术家们交流的时候——我看到了上面这段评述——我认为，这段文字与我的想法最为接近。

我在导览手册中也只是这样写道：

"当建筑被切开的时候，它就不再傲慢——上海当代艺术博物馆也是一样。

从策展初期开始，我们就一根筋地想把它切开，并且享受切开之后那简单直接的观感——这想法从头到尾就没有改变过，也从头到尾没有为它刻意地附加上任何思想。

上海当代艺术博物馆被掐头去尾地切成了九段，简称'九段'。"

"九段"这个作品将在展程过半的时候被放倒，至于放倒成什么姿态，未知。

其实，从展览名字"蜃景"本身，人们已经大概意会了我们展览的目的，所以说，语言的赘述有时候也是没有必要的。就如同我们很多艺术家建筑师所倡导的一样，展览不是仅仅为了产生媒体报道用的那些文字和照片——虽然很多展览就以此为目的；也不是仅仅为了开办那个酬谢领导和赞助商的开幕酒会——虽然很多展览就以此为目的；更不会如我们所"反思"的那个"蜃景"一样而成为"蜃景——我们希望公众的参与、参展人的互动、策展人的思考能在这个交流的容器里不停地发生。

我们，章明、卜冰、张佳晶三个策展人，希望社会以一种安静替代呱噪的方式来观赏这个当代艺术展。END

阳光下的四十呎

DINGHE DESIGN OFFICE

撰　　文 | 可畅
摄　　影 | 孙华锋
资料提供 | 鼎和设计

地　　点 | 河南郑州
面　　积 | 1 400m²
设　　计 | 孙华锋、刘世尧
参与设计 | 孔仲迅、李春才、安红云
竣工时间 | 2013年3月

1 改造后的空间富有禅意
2 改造后的建筑犹如一只“40呎的集装箱”
3-4 原始建筑是个废弃多年的三联排别墅楼

霭霭四月初，新树叶成阴。
动摇风景丽，盖覆庭院深。
下有无事人，竟日此幽寻。
岂惟玩时物，亦可开烦襟。
时与道人语，或听诗客吟。
度春足芳色，入夜多鸣禽。
偶得幽闲境，遂忘尘俗心。
始知真隐者，不必在山林。

从古至今中国人喜欢的生活环境大多如白居易的这首诗里所描述的。然而现实的当今社会环境地稀如金，到处的水泥丛林让诗里的描述成为都市人可望而不可及的向往。

由于原来公司的外围环境日益恶劣，搬迁就不得不放到日程上了。偶然的时机找到了现在的这个办公用地。原有的建筑是一座基本荒废了十年的三联拼的别墅楼。院内蒿草丛生，腐锈的栏杆一碰就倒，建筑的外观更是土得不堪入目。请来结构工程师，原有的纵墙基本都可以打开，才下决心拿来改造。

改造的原则：庭院、阳光、绿植、花香。由于改造的面积大，范围广，从庭院景观、建筑改造到室内装修，投入的总资金可想而知。所以我们就运用院落的自然景观与室内相融，室内装修减少一切不必要的装饰。四白落地，让灯光与陈设唱主角。建筑外观的改造是最大的难题，原有的简欧式的风格与设计公司的风格及深宅大院的构想又格格不入。新传统的风格造价又高，施工周期又长。所以最后我们决定用传统的黑白灰色调，用现代工业的“40呎集装箱”的概念，来营造有创意的公司的办公氛围。原来害怕太过工业感的外观与庭院景观会有冲突，但实际建筑的形式，灰白的色彩，错落有致的形体与大自然的色彩环境相得益彰，也更加国际化一些。庭院的设计也基本遵循传统的手法与意境，初日照高林，禅房花木深的意境也油然而生。室内的大面积开窗，让景观全部走入室内。室内多用老榆木的底料，自然、朴实、亲切。局部的构成，暴露的红砖及钢结构与白色素雅的空间形成对比。二层工作区的橘红色的日光灯带如水袖般贯穿四个开间的空间，更是起到了画龙点睛的作用。

合理的造价分配，减少装修负担，最大限度让阳光自然融入建筑空间。忘掉尘俗心，亦可开烦襟。

设计师说

孙华锋

（鼎和设计总经理）：

设计师给自己设计办公室，相当于医生给自己手术一样。作为一家设计公司，我们希望有一个独立的庭院，给员工营造一个“小桥流水人家”，非常舒适轻松的工作环境，有一个公共的停车场，独立的办公楼，分区清晰明确。所以，就找到了现在的这个地方。

这块地的位置比较好，它是别墅区最边角的三联排别墅，场地的前后院都比较大，只是十年没有人用，荒废掉了，我们也是偶然的机会租下来。起初希望做得园林化一些，因为面积比较大，前后都有足够的空地，可以将建筑和庭院改造融在一起。我们在建筑上下了很大功夫，室内就相对简约许多，不想室内再花费过多的造价。

整个设计最初的就是建筑的改造，主要由刘工来设计，他的概念就是40呎的货柜。原建筑是相对简单又稍有些过时的欧式风格，黄色的外墙面乳胶漆，白色檐口，非常简单甚至有些简陋，我们毕竟是家创意公司，就想把整个外观进行改造，而极简的集装箱形式比较符合我们的气质。改造完以后，整个风格与周围建筑完全脱开，我觉得外观的色彩和彩钢板的肌理效果都蛮好看的。而增加的一些外围空间，如主入口的悬挑，茶室的连接，雨棚上空的圆洞……这些空间都令整体更为有趣。

一般设计师的办公室都会考虑动静分开，让外来客户和工作区独立，而我们的设计却不同以往，在动线及平面上都颇费周折。因为是老建筑改造，很多地方因地制宜。设计办公楼大门时，我们做了比较多的考虑。本来我们是想做出深宅大院的感觉，令整个办公楼掩隐在丛林中，而传统的深宅大院，大门不能直接对着通道，这样会失去传统园林的感觉，于是，我们从整栋楼的最东面进门，再做了一个迂回，改动了人行动线。

因为我们现在的办公室离市区还比较远，本以为搬家会造成员工流动，没想到所有员工都非常喜欢这里。他们用下来的感觉都蛮好的，觉得建筑与室外的景观关系处理得相得益彰；二是室内的简装手法比较特别，大面积的窗与绿地打造出了用钱堆砌所不能达到的效果。

刘世尧

（鼎和设计执行董事）：

从看到这幢房子到公司搬家，大概历经了七个月时间，在我和华锋的心里，公司一定是在一个院子里，也许只有这样，才会使得我们的内心更为自由，更为安然。

没有风格的约束，只想用放松、自由、朴素中透出的灵秀，感性和理性的交织，空间的虚实与内外空间的转换，灰空间的隽美来表达作为设计师要体现的“设计语言”。

原本建筑是3栋局部3层的联排别墅，建筑外形体比较凌乱，凹凸变化很多，让我萌生把整个建筑做成由多个“40呎货柜”叠落而成的型体，也是喻意装载艺术和设计梦想的“40呎货柜”，形体叠落的层次与空间结合，自然穿插了茶室和入口门廊的灰色空间，并将景观自然有机地结合在一起。二、三层外墙面采用波形钢板、白色外墙漆，使其有货柜的隐喻，而一层采用了深灰色的陶板，使建筑与四周的景观溶合在一起，形成宁静、理性、自然的氛围，干净、现代、创新、自然，融合感性中的理性，在公司员工享受舒适环境的同时，也会将这些理念和思想传递给我们的客人和朋友。

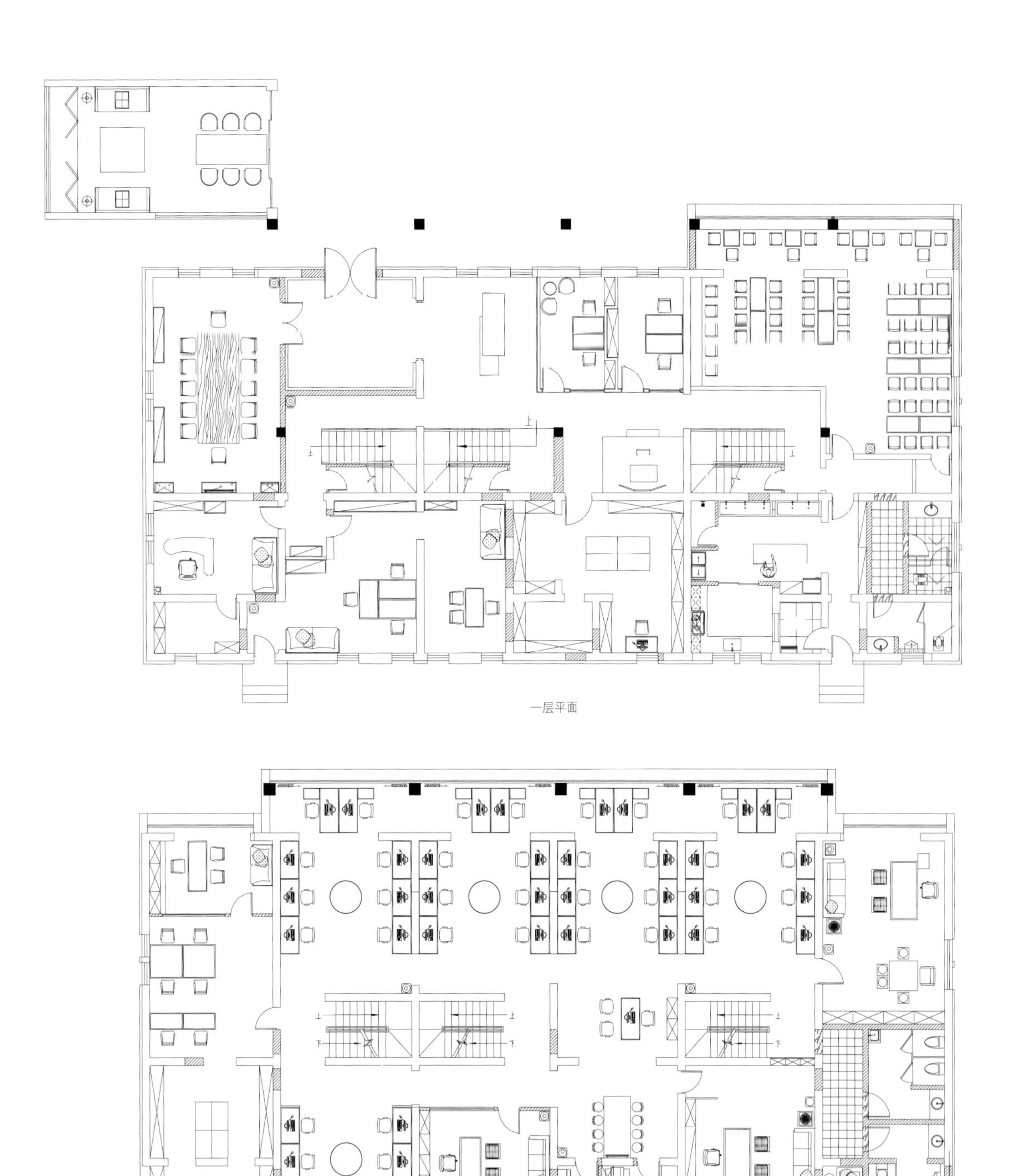

一层平面

二层平面

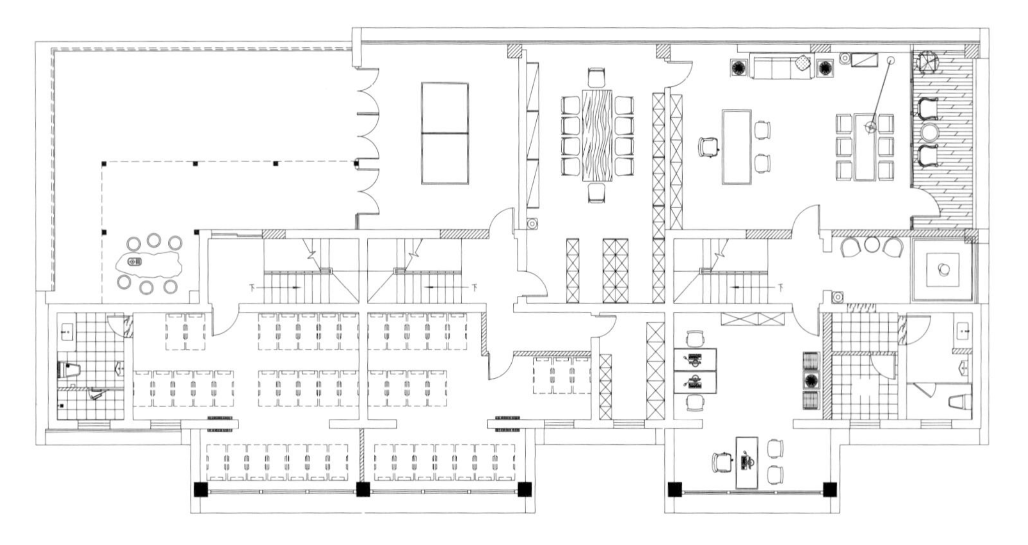

三层平面

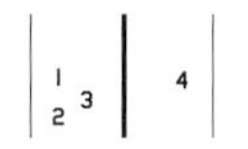

1　入口
2-3　改造后的建筑非常现代
4　各层平面

1 2	3 4
5	6

1-2 室内外灰空间
3-4 楼梯间
5-6 庭院接洽室

参观者说

黄伟彪

（甘肃御居设计有限公司 设计总监）：

采菊东篱下，悠然见南山。当下如此生活、工作成为了国人的向往。在那充满文人气息的云水之间，前院后院错落，精修的灌木，还有老刘自己都说不出名字的名贵竹子在午后阳光的照射下斑驳粹影构成“鼎合”LOGO。华锋和老刘一向以新古典风格做项目可谓一招鲜吃通天，甲乙双方和谐发展其乐无穷惹众亲羡慕嫉妒恨七情上面，又知俩人新场子开张亢奋无比一看作品二找个借口偷偷懒齐齐前往。蜷缩在庭院内的茶室呷着谁谁带来的新鲜茶水，指点着古董木桌上的新文物面对着一片青绿，面对公司几十人忙碌的团队，睡着午觉，晒晒太阳。国学以中为旨，国人以和为贵，中式建筑以养为义；穿越时空藩篱，回归建筑本源，他们把这一切玩得如此精熟。看着一身GA打底的老刘和60文艺青年华锋，这可能就是我们的新中式吧，管它了谁叫我们是红旗下的蛋了。华锋上茶!

沈雷

（内建筑合伙人）：

建筑师卧底在室内，演化的空间，建筑师与室内设计师彻底交融在单细胞状态。

鼎合新址“还是一片蔬菜大棚时”，就图片得见，兄弟单位内建筑曾出谋划策做成“神秘花园”，刘孙两头领最终呈现让人看到了另一种中原气韵，功能与形式的平衡。3 幢欧式小楼在被严重收拾后，外部严谨、干炼，如老刘；内部禅意、好茶也如老刘；而在简单、意境之间的缝隙无不闪动着华锋的活跃、灵性，大气。设计公司的办公空间如一台高速运转的机器，而工业设计能透出的文人气，一定是值得传承的，杂志图中所见还是半成品，期待再次拆开包装盒的一刻？会所？花园？等待与鼎合的再次约会。

津堔

（新加坡 SSD DESIGN PTE LTD 设计总监）：

鼎合总部远离闹市区，落脚在绿色的大花园里，穿过长长的林荫大道，两侧高大的法国梧桐遮天蔽日，在绿树成荫的别墅区深处发现鼎合的别样院子。总部室内外通透明亮，浑然一体，静谧安然，仿佛鼎合人的性格：不饰虚华，朴实内敛。无需刻意雕琢，自然流畅的空间设计不经意间透出的涓涓禅意，正如世尧的谦和风雅；而恰如其分的陈设和独特设计的灯具穿越了建筑构造的限制融合了空间的脉络，充分体现了华锋的睿智倜傥！两者相映成趣、相得益彰，让人在舒适的气氛中产生创意活力，难怪“孙刘”如此默契，难怪鼎合蒸蒸日上，更难怪像沈雷、陈彬这些到访过的设计大腕们也赞不绝口，呵呵，我自然是特别喜欢了。

不过，相比室内环境设计，我更喜欢这自然空间包裹下鼎合人的风貌：我喜欢员工餐厅窗外的绿竹，更喜欢午餐时设计师们阳光般的灿烂笑脸！我喜欢鼎合后院叠翠起伏的花木，更喜欢方案研讨时设计师们缜密思索的双眸、深入推敲时紧锁的双眉！我喜欢独特个性的办公空间，更喜欢细心规划的员工的午休床榻……我喜欢鼎合绿色的空间，更喜欢鼎合勃勃的生机！

刘丽

（郑州筑详建筑装饰设计有限公司）：

现在的都市人最为向往的是自然、绿色、洁净的空气、充足的阳光……鼎和新的办公室的选址切合了以上所有的条件，周边环境非常安静。设计师并没有使用过多的装饰，刻意的造型，而是从建筑改造入手，运用了许多环保的材料，从前庭后院的营造以及建筑立面纯粹到只有灰白两色的控制，令浓浓的禅意在不经意间自然而然地散发出来。建筑及空间的气质与孙华锋、刘世尧的个人气质非常相符，他们本身都非常喜好中国文化，我想这个纯粹静谧空间的发生也是很自然的。办公楼的平面布局功能是将员工放到第一位的，员工的休息区、食堂等公共设施都非常到位，在这样的办公环境下，会让员工都非常有归属感。END

1-2 二层工作区
3 二层楼梯玄关
4-5 公共研讨区

1 2 | 4 5
3 | 6 7

1-3 办公室
4-5 三层图书会议室
6 员工餐厅
7 一层大会议室

筑境·西溪

ZHUJING · XIXI STUDIO

撰　文 | 王大鹏
摄　影 | 赵伟伟

项目名称 | 杭州中联筑境建筑设计有限公司西溪工作室
地　点 | 杭州
设　计 | 杭州中联筑境建筑设计有限公司、杭州典尚建筑装饰设计有限公司
竣工时间 | 2013年3月20日

杭州有三西，分别为西湖、西溪和西泠印社，西溪，古称河渚，"曲水弯环，群山四绕，名园古刹，前后踵接，又多芦汀沙溆"。西溪湿地艺术集合村是当地政府为了引进知名艺术家及其公司，邀请了国内顶级的十多位建筑设计师联手打造而成，这些散落于湿地的几十幢房子显得既张扬而又落寞。

虽然工作生活在天堂杭州，但是市区内的办公楼封闭如同罐头，四季在这里模糊，昼夜没有了差别，里面的人能长久保持"新鲜"吗？公司作为被引进艺术集合村的知名文化创意企业，工作室改造与装修使得房子与环境、人与自然的交流互动成为可能。

工作室入口

设计与营造

由于房子已经存在，改造与装修似乎就谈不上什么原创性，在这样的大前提下还有没有“筑境”的可能？

房子现状：我们租用的房子平面为长方形，空间主要特点是南入口有一窄而高的天井，平面中间是一个 4mx4m 的采光中庭，北面如吊脚楼一般伸进了池塘。房子南面为了天井的封闭性基本没有开窗，北侧朝着池塘开了落地窗，可惜东西向的水平长窗削弱了空间的内聚感，也使得平面中部的小中庭显得苍白无力。原设计因为没有使用方的介入，呈现的功能很模糊，平面似乎可以灵活划分，可是结构竟采用了 4mx4m 的柱距，加之卫生间和小中庭对空间的限定，却让人有束手无策之感。

关于功能：功能与形式的关系如同先有鸡还是先有蛋一样，经常为建筑界争论，难道这两者还能完全分开吗？因为是改造项目，大家基本避免了形式的纠缠，经过反复讨论，认为工作室需要如下功能：50 人左右的工作位、50 人左右的大会议室、15 人左右的讨论室、4 间左右的小创作室、4 间左右的宿舍、程院士的创作室及休息室、较为正式独立的贵宾接待室，另有服务用的门厅接待、楼电梯、卫生间、储藏室、设备间、打图室及简餐制作间等，在此基础上更要充分考虑图板及模型的展示功能，在结构可行的前提下，经过无数次讨论与修改，竟然在螺蛳壳里做成了道场。

空间与光影：在处理空间时封堵了原来的天井（因为只有这里跨度最大，适合做 50 人的会议室），保留原平面中部的小中庭，适当封堵东西向的窗户，北侧落地窗改为更通透的幕墙，改变二到三楼楼梯间的走向，如此一来形成了以门厅空间为引导、中庭空间为内核、北向景观为焦点的空间序列，最终实现了水平空间有序穿插和垂直空间有机渗透的预期效果。

建筑师基本都对光影有着崇拜甚至偏执狂性的追求，我以为光影实现的前提是要有那种原始的黑暗与宁静，否则在高楼林立灯火辉煌的闹市区谈论光影效果的价值还有多少呢？西溪距离市区也就几公里，可正是这段距离为那种原始的黑暗与宁静提供存在的基础。从东西向窗户透进的光线落白墙上，早晨的光线清新亮丽如同黄鹂婉转的啼吟，傍晚的夕阳略显混沌却极其饱满，犹如游子归来时慈母的泪光，这光线是那么的肯定与富有表情，因为早晨与黄昏距离黑暗与宁静最近，可惜住在闹市区南北向房子中的人们距离它们是那么遥远。

尽管设计时对原建筑立面的窗户进行适当调整，但是在现场仍觉不如人意。如果再封掉一些西向的窗户会怎么样？如果东向的这个窗户移动一下位置又会怎么样？在现场用木工板挡住了一部分西向的窗户，室内人的讲话都变得舒缓而雅致，就这样我改变了几个窗户的命运，同时也改变了空间的音调。

材料选取：形式表现离不开材料，空间里的光影魅力更需要材料来呈现，材料似乎不会决定功能，但是却为功能提供了倾向性的氛围，甚至诱发或者摒弃了一些行为方式，这如同前去约会的少女为自己精心挑选的衣服。

因为工作室的地点及使用性质，材料选取时定的基调是自然质朴、宁静平和，同时也要兼顾成本。最难选定的应该是入口对景墙及正对门厅贯通中庭的墙体材料，曾经考虑过原木，也考虑过有主题性的浮雕墙，还考虑过灰色黏土面砖等，最后反复比较选用了瑞士的瓦尔斯条石（此材料因为卒姆托的代表作瓦尔斯温泉浴场而闻名），因为它长短宽窄组合的做法显得很别致，同时又呈现出如同巨石一样的密度与内敛，石材表面灰白斑驳，质感冷静却不乏温润，这也算是买的价格最贵的材料，好在代理商进行了现场砌筑指导，基本达到了预期效果。覆盖面积最大的材料无疑是用在地面、墙面与吊顶的材料，地面反复比选后选了一款深灰色略带肌理的地砖，墙面和吊顶为乳白色涂料，另外还选用了大量的竹木板做柜子、门及桌子，如此以来形成了灰、白、木的搭配，氛围宁静而不沉闷。

三层的功能为贵宾接待及老总办公休息室，因为室内与走道空间渗透性很强，地面材料全部选用了竹木地板。对一些特别的空间，诸如

讨论区一角

大会议室、小讨论室及贵宾接待室等铺地、墙面及吊顶分别选用了橡胶卷材地板、竹木吊顶及发光软膜等材料，从而更能符合功能需要，并且很好地营造了空间氛围。

家具与软装：家具的配置尽量做到质朴自然，并且兼顾成本。比较满意的是办公桌的设计与制作，桌子设计为标准单元，可灵活组合。每张桌子既保证了竹木板的完整性，又兼顾到电脑走线的方便性，并且利用桌面下串联电线的钢支架对竹木桌面的强度进行了加固，这样很好地适应了设计师喜欢半坐在桌面聊天的习惯。贵宾接待室地毯浅灰白色的基调上有着随意率性但不失秩序的粗黑色"笔触"，在发光软膜天棚下，搭配素雅的沙发，显得闲逸而灵动。

现在的公共建筑基本都不安装纱窗，考虑到西溪湿地最多的邻居是昆虫，纱窗就必不可少，最后选用了推拉式隐形纱窗。因为窗户大小不一，功能需求也不一样，窗帘很难做到统一，索性就在色调一致的前提下根据不同的使用要求分别选用了丝质的百叶帘、纸质的风琴帘、麻质的推拉帘、遮阳功能强的纤维卷帘，因为空间分属不同的地方和楼层，不可能同时整体看到，最后达到了和而不同的效果。纠结的是朝北池塘的玻璃幕墙还要不要再装窗帘，景色很好又朝北，似无必要，然而晚上湿地外面漆黑一片，室内亮灯的话人影会在玻璃上影影绰绰，人少的话心里感受会不安，最后还是安装了一层轻薄的麻质纱帘。

若干细节：密斯说少就是多，还说上帝存在于细节中。细节如同眼睛的眼皮，单双不重要，重要的是是否与眼皮下的眼神协调，而不是为了所谓的漂亮就都拉个双眼皮。

工作室的细节基本都是自然而然产生和存在的。施工现场，木工正要为开放式资料柜正面的实心竹木板贴上竹皮，问他为什么？答曰为了盖住实心竹木板纵横交错的肌理。为什么要把真材实料掩盖起来？裸露出来不正是细节吗？最后正是裸露的材质本身成为了必不可少的细节。

会议室及贵宾接待室的竹木门尺寸超大，门把手按常规做就不合适，两处的把手设计为简约的长方形，用5mm厚的古铜色铜板折边而成，材质表面通过蚀刻处理为粗放相互交错的竖向线条肌理，安装上去才发现与竹木板的肌理和颜色十分的协调。另外还有内凹式黑色不锈钢踢脚、镜子的安装构造、卫生间标牌等细节也是反复推敲，等投入使用了突然觉得好像再普通不过，因为大家基本都没有"看见"。

遗憾与弥补

装修基本结束，全面检查了一遍，最后还是下决心对若干不足之处进行适当整改。首先补上一层工作区的吊顶，并将这里朝东的玻璃幕墙封堵上，只保留一扇进出的玻璃门，这样使得空间的界定和景观指向更为明确。其次对吊顶的筒灯进行整改，将圆形的筒灯取消，修改为15cm见方、20cm深的灯龛，节能灯直接安装在灯龛里，这样在绝大多数情况下既看不到灯具，而且光线柔和，吊顶的轻薄感没有了，显得更质朴与自然。另外还将主入口台阶的大理石进行了替换，这里的石材质地偏软，且易吸水打滑，时间没多久竟然变色发白。

即使这样修改后尚有一些遗憾：铺地的深灰色地砖近看肌理及色彩质感都很不错，可是大面积铺开后却一直显得好像落了一层灰；电气插座开关布置不集中，且空调及网络设备的控制面板是各自配套的，几种不同的面板布置在一起有些凌乱；北侧玻璃幕墙的龙骨显得偏大，加上室内颜色选用了黑色，使得空间的通透与空灵性打了些许折扣。

去年底房子装修完不久，公司在那里组织了几次论坛。刚开春，公司后勤人员说竹木地板发霉长毛了！他们估计是湿地湿度太大还有地板质量不好。看到所有的窗户关得严严实实，问题不过如此——去年几次活动使用空调而窗户一直全关着，热气冷却凝结，春天温度再升高就长毛了，解决的办法就是尽量多开窗通风换气，没过多久那些白毛都消失无踪。这让我想起了《黄帝宅经》的几句话："宅者，人之本，人因宅而立，宅因人得存，人宅相扶，感通天地"，真是话老理不老。

不是结束的结束

今年五一假期，西溪工作室迎来了两棵远道而来（苗木公司说是从绍兴苗圃运来）的樱花，我没有想到自己会亲手在湿地里种上一棵树，而且为它们选定了合适的位置，其实它们原本生长的地方就很合适，只求它们既来之则安之吧。

休息间隙，竟然在小讨论室的白墙上看到了一只蜻蜓，其实昨天还在地上看到了几只蚂蚁，夏天可能还会有蚊子，窗外池塘的表面挤满了浮萍，浮萍下面那更是另一个大千世界。呼吸着草木的气息，远处传来阵阵蛙鸣，夕阳西下，灰色石材墙上"筑境"两个古铜篆书正泛着幽幽的亮光。END

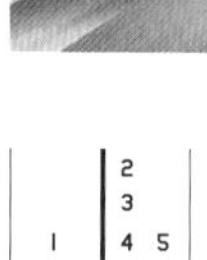

1 二楼中庭
2 一楼中庭
3 二楼中庭一角
4-5 一楼会议室

1 2 4 3	5 6

1-2 二楼工作室
3 三楼前厅
4 通往三楼的楼梯
5 三楼贵宾接待室
6 三楼露台景观

拉斯维加斯大都会度假酒店
THE COSMOPOLITAN OF LAS VEGAS

撰　　文　Eric Sun
资料提供　拉斯维加斯大都会度假酒店

地　　点　3708 Las Vegas Boulevard South Las Vegas, Nevada 89109，美国
建筑设计师　Arquitectonica
执行建筑师　Friedmutter Group
室内设计　Rockwell Group, Jeffrey Beers, Adam D.Tihany, Friedmutter Group, SEED, Asfor Guzy, Studio Gaia, Bentel & Bentel and United
开业时间　2010年12月

1 酒店外观
2-3 游泳池
4 赌场楼层

拉斯维加斯大都会度假酒店位于拉斯维加斯大街的南端，占地355hm^2，有将近3000间客房。

酒店一层包括接待大堂、赌场、餐饮等功能，和拉斯维加斯很多酒店一样，这里生气勃勃，繁复的巴洛克风格刺激着客人的感官。大堂位于西端，客人步入酒店大堂，迎接他的是一个开放和热情的空间。由48片LED的液晶显示屏包裹的8根柱子将这一区域凸显，让空间充满了动感。这是Rockwell LAB, Digital Kitchen这两家公司和纽约艺术基金会（Art Production Fund）共同合作的精彩成果，双层镜面使动态的数码艺术精彩绝伦。

酒店艺术基金会与纽约市艺术生产基金会达成合作，致力于生产雄心勃勃的公共艺术项目，加强客人对于当代艺术的认识。公共艺术家驻场是酒店致力于建设的一个平台，P3 Studio是一个艺术家驻场计划。邀请国际及本地艺术家来酒店进行创作，让客人有机会接触艺术、了解艺术。观众可以进入工作室观看艺术家创作现场，并与他们同时体验身临其境的过程。艺术家千变万化的灵感给酒店客人带来了常新常变的艺术作品。

酒店二三层有很多各具特色的餐厅，也有一些公共活动停留的空间，包括音乐室、游戏室和会议室等。这些餐厅由不同的设计公司来完成设计。Blue Bibbon餐厅采用木质材料，简洁现代；China Poblano餐厅则更多地运用了色彩来调度空间氛围；STK餐厅运用现代的曲线设计和灯光配合，营造了独特的就餐氛围。工业化的大尺度客房是酒店引以为自豪的地方，每个房间都拥有视野开阔的露台，可俯视拉斯维加斯。客房强调轻松休闲气氛的营造，注重细节设计，高光的咖啡桌、古怪的墙纸使工业化的大氛围中增加了几份诙谐和幽默。

3种不同特征的泳池设计提供了3种不同的体验，The Boulevard Pool充满活力，拥有一个舞台，巨大尺度的灯具提供的阴影可以让客人暂避阳光，而the Bamboo Pool则完全是私密和安静的，充满了绿化，客人可以在此冥想休息。END

STK

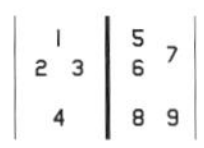

1-3 STK 餐厅
4 Vesper 酒吧
5-7 China Poblano Dim Sum 中心餐厅
8-9 Blue Bibbon 餐厅

1-3 艺术品及走廊空间 ©Eric Sun
4 餐厅 ©Eric Sun
5-7 客房

©Eric Sun

KOONS

凯拉尼费尔蒙酒店
THE FAIRMONT KEA LANI, MAUI

撰　　文 | 蔓蔓
资料提供 | 费尔蒙酒店

地　　点 | 4100 Wailea Alanui Wailea, Maui, Hawaii United States 96753
设　　计 | Jose Luis Ezquerra

1 餐厅入口
2 度假村夜景
3 餐厅

位于夏威夷毛伊岛的威利亚是个相当富庶的地方，一路从基黑山区行来，你仿佛进入了另外一个世界——到处郁郁葱葱，欣欣向荣，标志清晰。这里以海滨度假村著称，低层别墅、满眼绿色的高尔夫球场、时尚的网球俱乐部齐聚于此，故而这里有“西部温布尔登”之称。只要看一眼威利亚的海滩，你就能明白为什么这里受到房地产开发商的热力追捧了。金色的海滩熠熠生辉，可谓不花钱的广告，直接告诉人们这里是毛伊岛最适合游泳、浮潜以及日光浴的场所。

位于威利亚海滩最南端的凯拉尼费尔蒙酒店，无疑是这座小岛上的一颗璀璨的明珠。这座度假酒店仿佛一座“白色宫殿”，有着好莱坞一般的气派，摩尔式的建筑风格以及天方夜谭般的神秘气息令人对此产生好奇。

原来，通体的乳白色调是酒店的标志之一，取自于海滩 Kea Lani，这也是酒店的名字，意思是——天堂般的洁白，同时也是夏威夷最盛产的白色鸡蛋花的颜色。酒店的整体设计来自于 Jose Luis Ezquerra，他是中东和地中海艺术建筑的领军人物。拱形的穹顶、建筑中央的庭院以及外墙弯曲的线条，都可以看到一点高迪的影子。而每一次移步换景都仿佛变成了一次可以停下来观赏的过程。

设计师结合了中东以及地中海甚至是墨西哥的风格，研读了夏威夷的历史和文化，希望在这栋建筑中传达一种延续性。设计师表示，目前酒店外观设计的总体风格来自于两座夏威夷著名的建筑：位于夏威夷檀香山市威基基海滩上的皇家夏威夷酒店，这是座始建于 1923 年的酒店；另外一座则是檀香山市的依兰尼皇宫，这座是为王室建造的有着新古典主义风格的建筑，他说，“这座宫殿强有力地有别于其他短暂的与季节消退的自然相关的东西”，表达了夏威夷东方与西方最美好的融合。

值得一提的是，酒店有多家各具风格的餐厅，其中 Kō 餐厅非常具有特色，这是毛伊岛唯一可以提供种植园风情的美食的美味餐厅。与其所提供的混合多种文化特色的美食一般，这家餐厅的设计风格也异常混搭，自然风格的家具与跳跃的织物搭配令人回归自然。END

1 2	4 5
3	6

1-3 大堂区域是完全开放式的
4-6 酒店客房

Lacrimi si Sfinti 餐厅

LACRIMI SI SFINTI RESTAURANT

撰　　文 | 银时
摄　　影 | Cosmin Dragomir,corvin cristian
资料提供 | corvin cristian建筑师事务所

地　　点 | 罗马尼亚布加勒斯特
设　　计 | corvin cristian
面　　积 | 400m^2
家　　具 | 2D&W
竣工时间 | 2012年

1 乐高积木做成的罗马尼亚标志物
2 质朴而富有民族风情的用餐空间
3 造型简约的家具细部

Lacrimi si Sfinti，意为“眼泪与圣徒”，来自罗马尼亚哲学家齐奥兰（Emile Cioran）的一本著作的名字。不过，在这个同名的餐厅中并不能发现多少齐奥兰式的绝望，倒是更多地体现出齐氏哲学中隐逸和安静的气质。

餐厅位于罗马尼亚的首都布加勒斯特，主要供应现代罗马尼亚菜品，但其设计中显然融汇了传统与现代色彩。建筑原址是一所废弃的房子，设计师根据其原有风格加以改建，创造出一个质朴而不乏精致细节的餐厅空间。

乍看上去，餐厅像是一个山洞，十分原始，砖石、木头是这个空间中的主角。店内的桌椅、柜子多是罗马尼亚的传统木家具，是由设计师从各地废弃的庄园中搜罗而来的老物件。墙面的装饰风格非常多元，有时候是堆叠的木料、树干，自然材料的运用带来亲切而富有生机的氛围。而保留下来的石墙则带来岁月积淀的厚重感，与木板堆出来的吧台区形成对照。老式的工具和零件也能成为墙面上精妙的饰物，与墙边的老机器工作台相映成趣。即便是现代最普通的白墙也有其特色在——罗马尼亚传统餐厅具有乡土田园风情的标志物在这里应有尽有，从挂毯到兽头标本，只不过它们是由大概16 000件乐高积木做成的，这种用现代材料和手段表现传统的碰撞让人感到出乎意料而又恰到好处，“混搭”得相当不错。

虽然餐厅整体设计以简约为主，但是设计师非常注重细节。家具的细部装饰、不同建筑材料的交接、奇石等富有趣味的小摆设、洗手间中造型各异的镜子……不拘一格的装饰使整个空间活跃并丰富起来，这些充满特色的布局和细节设计融合在一起，创造出一个有着罗马尼亚风情而又丰富多彩的餐饮空间。END

EXIT

1	3
2	4

1-2 不同的拱门后藏着一个个小餐厅，墙面的装饰和传统样式的橱柜是空间的亮点

3-4 堆叠的木料和树桩也能成为有性格的饰物，乐高积木又为传统风情融入时尚气息

5·MS·4692

1 老式的工作台和零件、工具相映成趣
2 保留下来的石墙与木板堆砌而成的吧台都野趣十足
3 女洗手间的标识也用乐高积木做成
4 洗手间处处可见充满趣味的小细节

远洋天意小馆

TIANYI XIAO GUAN RESTAURANT

撰　文 | 王奕文
摄　影 | 孙翔宇

地　点 | 北京远洋未来广场
面　积 | 437m^2
设计机构 | 和合堂设计咨询
主案设计 | 王奕文
执行设计 | 吴林国
主要材料 | 实木、白砖、蓝色漆饰面雕刻版、蓝色乳胶漆、装饰灯具、印纱画
设计时间 | 2012年
竣工时间 | 2013年

位于北京远洋未来广场的“天意小馆”，作为京城几百年老字号“天意坊”的分支品牌，是创意私房菜的小馆。业主提出的设计要求是打破老字号带给人们的传统框架，着力刻画怀旧、新颖、时尚并充满童真的就餐空间，并满足朋友聚会、家人聚餐、恋人约会等多功能。业主内心深处对环境的各种需求，都寄托在这小小空间中，或轻松、或妩媚、或小资情调、或童真……如何实现这多样期望，成为设计师首先要考虑的问题。

设计师赋予此空间“时尚的殖民地”风格，当夜幕降临，木质欧式大吊灯与餐桌上的蜡烛光影交相辉映，色彩、材质、光影将人带入幽幽神往意境之中。木色老窗棂、柱廊……使人仿佛跻身于20世纪30年代怀旧小资的建筑中；跳跃的蓝、粉色的大胆使用更烘托了时尚风情；艺术灯具、中式床榻改造的卡座、飘渺的轻纱等中式元素营造出了轻松的就餐环境，黄色轻纱更使卡座区与散座区之间自然过渡，同时也满足了空间私密性的需求；从伯实老先生的力作《百子图》中摘选出、并用白描手法和现代雕刻呈现的局部画面，则使空间立即充满了喜庆祥和气氛，孩童的稚趣和天真也展现得淋漓尽致；旁边1930年代的女伶纱画，又将人带入令人难忘的无限遐想中。

在这个充斥着多样设计元素的空间，格调与意境、品质与灵魂、当代艺术与东西方传统文化浪漫邂逅，设计师将各元素柔和地混搭，强调艺术与空间的碰撞，通过传统符号的抽象运用，试图寻找最性感地带，表达一种艺术力量。END

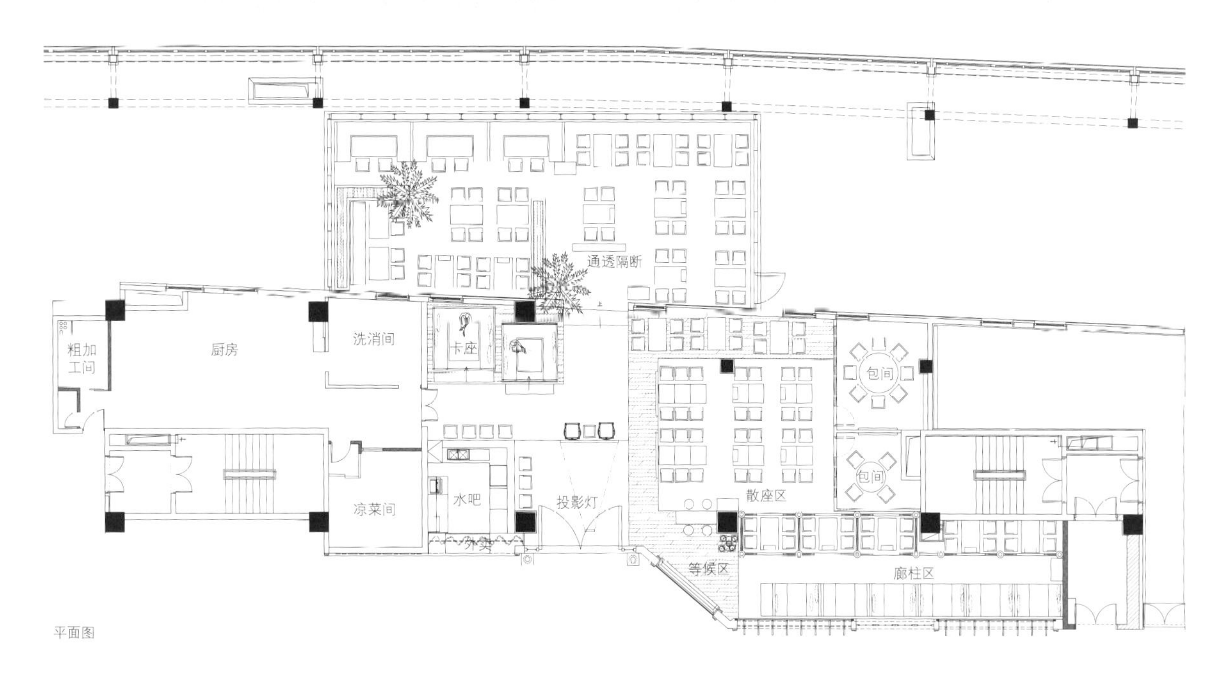

平面图

艺术家别墅
THE ARTISTS' HOUSE

撰　文 | 潘岩
摄　影 | 潘科

地　点	北京
面　积	$240m^2$
设计机构	谱空间工作室（SPACTRUM STUDIO）
建 筑 师	潘岩、李真
现场监理	李真、潘科
结构顾问	陶霖华
主承建商	王扬、徐建、徐龙
物业配合	华远首旅酒店物业管理公司
金属加工	北京东方福禄、北京东升、河北安平
其他材料	科勒洁具、Victoria Plumb（英）龙头水件
竣工时间	2012年2月

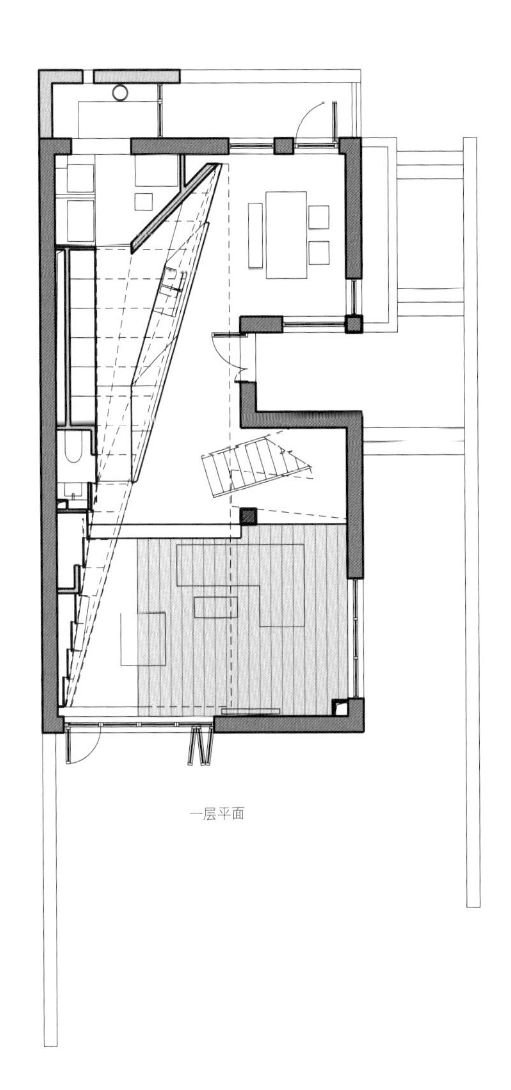

一层平面

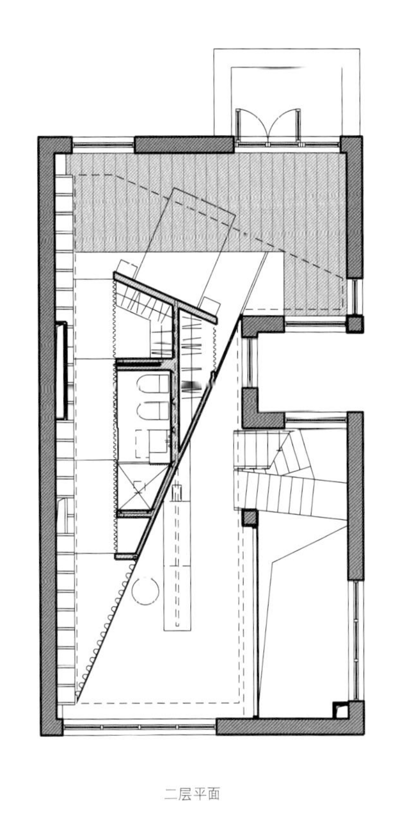

二层平面

三层平面

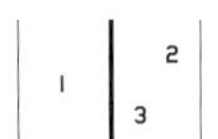

1　对几何形的探讨和推敲是这个设计的主要工作
2　平面图
3　建筑外观

伦敦的谱空间工作室在北京完成了一个别墅室内项目，业主是一位摄影师。设计试图回答一个问题：如果能够抛弃怀旧的乡愁，面对中国的真实现状，是不是可以探讨一种可能性，工业不是必须遮蔽之伤，而是生活可以受益之基础，就此能否建立一种诗意的居住空间，其视野进而又能否帮助构建新的美学呢？而这样的野心又是否能够被个人的生活空间所容纳呢？

材料的选择在这时显得至关重要，铜材作为一种温暖的金属，成为我们的首选，又因其机械加工塑形的便利和精准，成为项目中大量异形隔断的主材。本地木材水曲柳和西班牙米黄大理石因其色彩和花纹与铜材的协调性，分别成为本项目中很多与人接触的界面和卫生间防水表面的材料。正交体系的墙面分别使用白墙和水泥墙以区分原有和加建墙面。玻璃镜面则拓展和塑造了不可进入的视觉幻境。

空间布局完全打破原有隔墙的限制，重组以适应主人的生活模式。卧室、客厅、书房等传统定义的房间消失了，取而代之的是聚会、闲坐、用餐、办公、读书、睡眠等行为模式之间的交织和渗透，空间作为这些行为所需的私密性等级和氛围的组织器皿而存在。

空间形态最终得以呈现之前，在设计过程中是以几何形体作为媒介加以探讨的。设计的构思很大程度上由几何形的组织加以实现。因此对于几何形的探讨和推敲成为这个设计的主要的决定性工作。历经十几版的草图研讨，回首其间，几何在本项目中大致居于如下的 3 种关系之中：

1. 几何带来效能。作为室内设计，即便完全忽略内部隔墙，一些既定的位置关系也已被限定。这些限定应作为给设计提供原始起点的要素加以把握，或可称之为锚点。将无序、混沌的空间组织起来，并借由这寥寥几个锚点与更广阔的外部环境、与人的生活模式发生关系，帮助协调组织空间元素的就是几何学。

三楼主卧室具有狭长的空间；天井存在于房屋中部，面对楼梯口，占据室内一半宽度；北部墙面有两个位置对称的开口（窗口和通向阳台的门）。初始的构思是试图创造一个物体，它能够将空间沿纵向一分为二，形成天井下的明亮区域与另一侧的较暗区域；明亮区域适合布置诗意的浴缸和换衣空间，另一侧则适合布置需要围护感的淋浴、厕所空间。进一步思考：楼层入口需要提供私密屏障；换衣间需要提供放大的空间；还要保证在有限空间内尽量装备能够看到全身的穿衣镜；原空间北侧的两个开口需要得到呼应，通往阳台的门更需要得到指向性的暗示。这样这个物体的位置、形态都得到了明确界定，以使其产生上述的空间效能。这样，一个上下边偏转几何形体被构思出来，它以天窗侧边为其上边缘，下边缘则在垂直落下后偏移指向阳台门口。以三角形覆盖其上下边缘，空间中的四个点构成了形成三角平面的两种方式。这两种方式形成的两组三角形之间围合一个空间，而这给吊装的结构骨架提供了必要的间隙。

与材料特性和人体感知特征结合，几何学也具有一种效能，使空间感知发生变化，这一点在以镜面形式处理时尤为显著。在一层客厅的设计中，原空间由凹进的入口分隔成两部分。饭厅一侧的厨房区域需要界定，但又要保持厨房区域与餐厅的通达。一个从顶棚垂下的梯形体量可以完美地达成这些需求，客厅的一面向下低垂，饭厅的一端则提升到落地窗的上边缘。其后形成三角形的厨卫空间。以玻璃镜面作为表面材料，斜置于空间的镜面形成以其为轴线的与真实世界对称的虚拟空间。借助这个虚拟空间，被分割的客厅与餐厅之间得以相互感知，并且消解了其后围合的大面积的功能服务性厨卫、仓储空间的体量，配合铜板顶棚，给正交体系稳定的空间体验带来犀利、流动的线条。

2. 几何学用来建立联系。设计需要在造成效能的空间元素之间形成一种确定性，即逻辑性的联系。几何本身的逻辑通常作为对这种建筑逻辑性的视觉体现。这样空间元素间的关系就转换为几何形之间的关系。这种联系在本设计中具有一个技术背景，那就是工业材料的出厂尺寸及工业加工的便利性。它隐现在几何逻辑的编织之中。

这种几何关系很大程度上体现在尺寸的配套和整合之中。如在二楼的铜板墙，铜板尺寸的投影确定了写字台的尺寸，那么在确定铜板模数时，写字台的尺度就是重要参照。再比如房间大量使用铜板网吊顶，铜板网板块之间的缝隙是不可避免的视觉要素。作为垂直要素的铜板和镜面受工业制成品的影响也需按一定模数分成板块拼合组成。斜置的隔墙，吊挂屏风等垂直向的要素在正交体系上两个方向上的投影，决定了吊顶板单元的长宽，在垂直面和水平面之间形成统一一体的效果。这样的处理也存在于建立形与形的联系时，侧厅的工作台和从天窗边缘伸下的隔断实为一个在工作台高度转折的梯形形体，最大的简化，统一了各个构件。

3. 超出物质营造的需求以外，空间中总有一些特质含有某种可供反复琢磨玩味之处。几何学中的一些概念衍生出了我们对于这些概念所附加的常规体验。比如“对称”这一概念通常使人联想到稳定和静止。如果能够在空间的实际营造之中挑战这样的决然明晰的概念，创造一种模糊性，比如在对称与非对称之间游移转换，是否会带来思维的乐趣?

在二楼书房背景墙设计中，除了上述的将墙面板与桌面统一在一个模数系统中的操作以外，更游走于对称与非对称之中，创造了一种几何学的思维游戏。此墙面以倾斜的姿态面对连接一楼的楼梯，并屏蔽其后的私密的卧室空间。这个墙面以两块铜板为一个单元，共有4个单元，桌面从第二个单元中伸出，每单元在正交体系里的投影对应于桌面宽度。前三个单元正是以它为轴的对称布局的一组铜板，而第四个单元则是可推拉的滑动门，滑动门关闭时在视觉上完全成为墙面的一部分，这样随着它的启闭，这一组墙面持续在对称和不对称之间游移。对称所代表的稳定、静止被彻底打破了，而非对称也失去了流质、动感的标签，反而具有均衡、确定的特质。

根据对空间的分析和对生活方式的设想，寻找可以达成功能并提供视觉愉悦的几何形，是这个项目的一般方法。它一定程度上严守了学院派的图纸到建筑的设计流程，也就默认了几何形在其中的中介作用。但这是唯一的方式吗? 不以几何作为设计中介的路径如何存在呢? （如果我们关注诸如 Ensamble Studio 的 Trufa，则可以肯定这种方式的存在）这个默认的打破可以给我们带来什么新的疆界? 现在无法回答这个问题，但如果我们回到“为什么几何会背负今日的作用”，或许可以清晰地看到，几何具有可以脱离现场进行演练的极大便利性和经济性，又具有对现实感知模拟的巨大仿真能力。那么不以几何为中介的设计理所当然地应该具有更强烈的过程性和现场性。

所以这是一个回到几何的设计，规则严整、逻辑分明、操作严谨。它是一个这个方向上的总结，也更应该是一个新出发点，以近乎执着的强烈的意愿蕴含着对这种几何操作的反思，昭示着超越几何，从这里出发，开始探讨新的建筑学的未卜之路。END

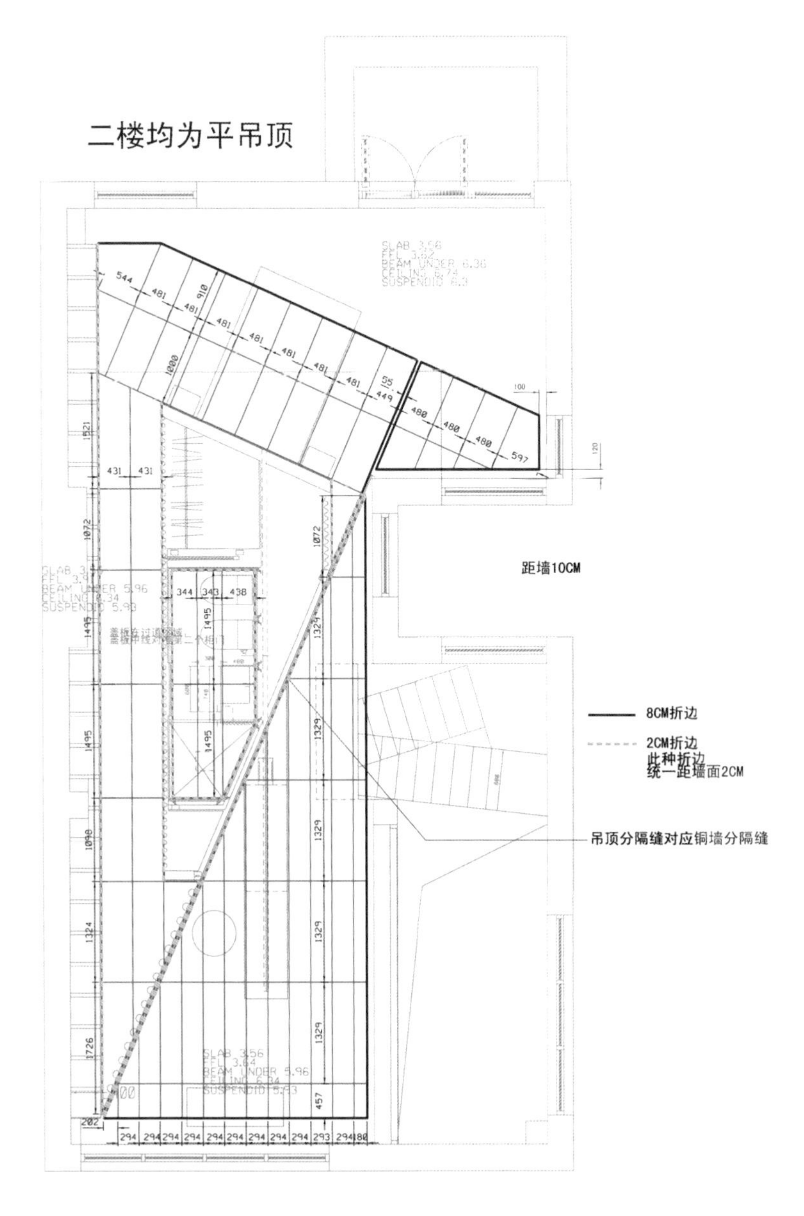

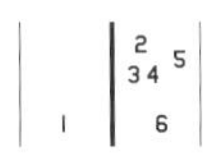

1-2 斜置于空间的镜面形成以其为轴线的与真实世界对称的虚拟空间，被分割的不同空间得以相互感知

3-4 本项目以几何形体作为设计媒介，Ensamble Studio 的 Trufa 却肯定了不以几何作为中介的路径的存在，这可以给我们带来什么新的疆界

5 二楼吊顶边界及高度图。斜置的隔墙，吊挂屏风等垂直向的要素在正交体系上两个方向上的投影，决定了吊顶板单元的长宽，垂直面和水平面之间形成统一一体的效果

6 侧厅的工作台和从天窗边缘伸下的隔断实为一个在工作台高度转折的梯形形体，最大的简化，统一了各个构件

1 / 2 3 / 4	5 / 6

1　二层卧室及走道

2-5　二层书房将墙面板与桌面统一在一个模数系统，更游走于对称与非对称之中，创造了一种几何学的思维游戏

6　轴测图

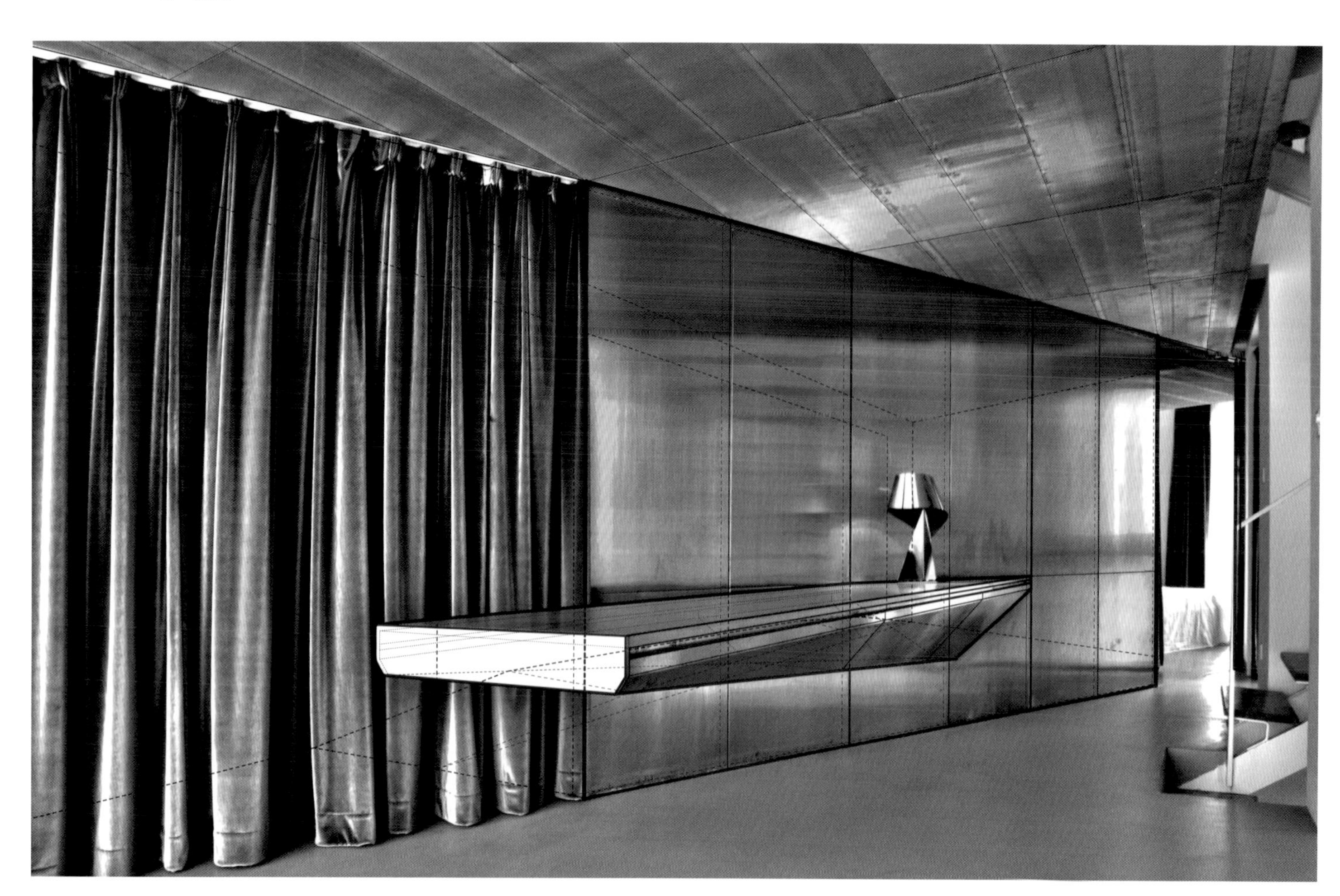

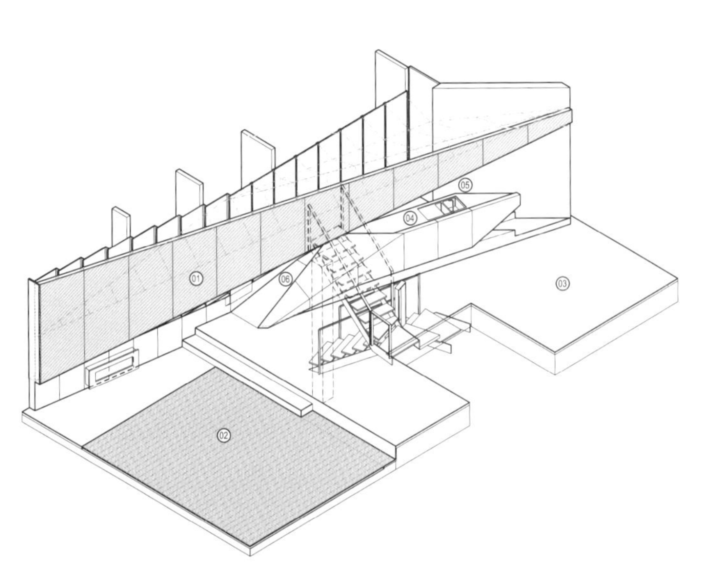

01	镜面	mirror
02	客厅	lounge
03	就餐区	dinning
04	岛台	kitchen island
05	厨房区域	cooking area
06	地平面升高	raised floor
11	服务核心	service core
12	内部走廊	inner corridor
13	书架	bookshelf
14	书房	study
15	卧室	bedroom
16	卫生间	bathroom
17	写字台	desk
18	铜墙	brass wall
19	铜滑动门	sliding panel
21	悬垂体	hanging object
22	卧室	bedroom
23	浴缸	bathtub
24	换衣间	changing room
25	天窗	skylight
26	盥洗	basin
27	淋浴	shower
28	马桶	toleit
29	坐凳/储藏柜	bench
2A	阅读台	reading desk

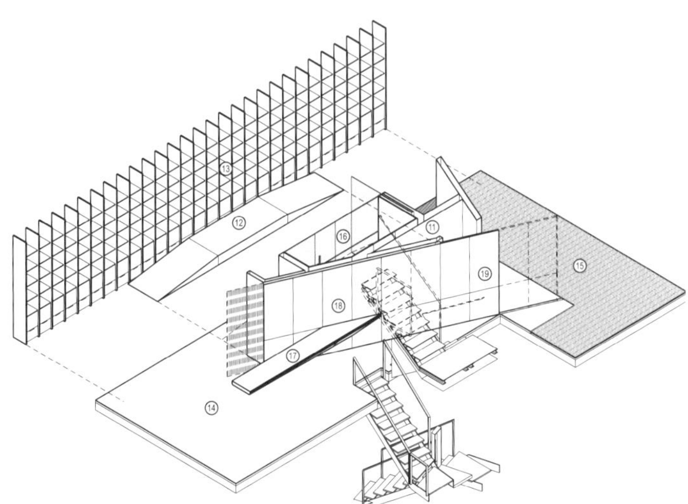

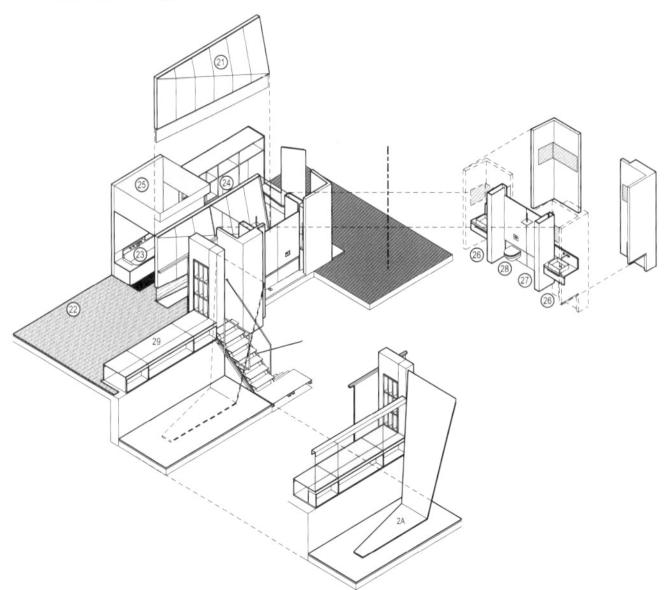

1	3
2	4 5

1–5 一个上下边偏转的几何形体，将空间沿纵向一分为二，形成天井下的明亮区域与另一侧的较暗区域

幸福的设计
——一栋石库门住宅改造记

撰　文｜董春方
摄　影｜Günter Richard Wett,Ulrich Egger
资料提供｜bergmeisterwolf architekten

地　点｜上海
设计人员｜董春方、李科璇、刘敬、王欢欢
结构改造｜南通神东木业
装修施工｜上海百姓装潢

约一年前上海电视台著名栏目非常惠生活的两位导演找到我，向我咨询如何在有限的小空间中挖掘、拓展和创造空间。她们曾经摄制过若干集为上海居住条件困难的家庭改善生活居住空间的节目。当时，我们探讨了有关在居住空间中比较容易挖掘的被忽视的角落，以及有关住宅使用空间的基本布局方式和技术细节。我强调除了满足最基本生理需求，应该尽力在有限的条件下提升空间品质，从而达到并满足一些精神层面的要求。因为在拥挤狭窄的空间中，如果能提升哪怕非常有限的空间品质，对于具体的使用者来说已经是质的飞跃，对长期居住在类似窘迫空间中的使用者来说，所获得的空间舒适感与愉悦感是巨大的。

一年后的一天，其中一位导演给我来电，说又有事情需要听听我的建议。我们在C楼的茶馆坐下后，两位导演便拿出简单的图纸介绍她们又即将开始的帮困改造住宅项目，并且一再致歉在百忙中打扰我。她们为帮助完全不相干的人改善居住条件的真诚态度很触动我。我说："这没什么，上次见面时当我知道你们电视台居然还能够为无依无靠的居住困难者想办法，为改善他们的居住和生活条件而到处奔波，你们正直善良的行为让我很感动。我没有理由推诿，况且我也乐意能够起到一些作用。"不曾想到在我的回答之后，我发现两位导演眼睛湿润了，拿起餐巾纸轻轻地抹去眼泪。我无意猜测她们动情的原因，但是我想是一种被理解的感慨，以及后来我才知道有多么的艰辛。

这档栏目所选择的是居住在上海的条件极端困难的家庭，所谓极端困难，我都无法用文字来描述，甚至超出人们的想象。上海电视台通过他们的能力和资源帮助困难家庭实现改善居住与生活条件的梦想。虽然这是一项公益活动，但是能够顾及到的困难家庭的面仍然有限。因此他们挑选的通常是人口众多而仅有1~2间房间的家庭，这里我从专业上只能用房间来描述，因为无法区分这究竟是卧室还是餐厅或者是厨房，所有的住宅功能都混杂在一起，并且其他配套设施也严重缺乏和低劣。我未曾有机会参与之前的设计工作，至多提供了一些建议。而今年的唐山路葛先生的家庭有别于以往一层平面的1~2间房的案例，而是上海著名的住宅类型石库门的一套较为完整的住宅。对于一个擅长空间再创造的建筑师来说，有了多层空间条件以及复杂的使用要求，那么是有用武之地的。我很兴奋地愿意接受挑战，导演们对我乐意承担设计工作也很高兴。这项设计项目也是该栏目有史以来最大的、最复杂、最困难也是历时最长的一个项目。

"我渴望幸福的设计，哪怕幸福的设计将会把我压垮。"这句话是电视台编导对我们这项设计活动的概括，虽然对一个中年建筑师来说似乎有点文艺小清新的感觉。然而导演的判断是准确的。因为经过整个项目从设计到施工，以及最后的完工，对设计者来说的确既幸福又将被压垮。这是我从业20多年来感受最幸福的设计，同时也是最艰辛、疲累的设计。

葛先生住宅位于上海提篮桥地区的唐山路，是典型的上海石库门住宅。我未考证这栋住宅的确切建造时间以及它隶属的石库门中的类别。大约建造于20世纪30年代，结构以砖木结构为主，局部的砖混。因为历史的原因，葛先生家目前只拥有该套住宅的除底层朝南客堂间以外的所有其他房间。听起来他们似乎并非想象中居住条件困难的家庭，但是实际上葛家的现状实际建筑面积大约60m²，包括一间朝南的主卧室，另有两间小房间以及一间在北侧晒台上加建的房间，此外在底层有一间厨房兼餐厅和楼梯下搭建的简陋卫生间。除了主卧室拥有一定的面积外，其他房间的面积非常少，大约5~9m²。

葛家居住人口有5~6人，面临的居住与生活困难非常复杂。在我们勘查现场以及和葛家人员交流后，我们确定这栋住宅的改造与装修的目标。

首选必须寻找并开拓空间。如果只是在原有的空间条件下，经过装修是能够一定程度上改善居住环境，但是本质上这种改善是短暂的。因为这种改善类似一次居家的"清扫"与整理，使用者起先会获得赏心悦目的感受，但是限于仍然有限的空间，日常居住生活所需要的使用空间仍然未获得保障，加之日常中积累的物品，一段时间后很有可能恢复原状。

其次必须改造楼梯的坡度，力求将其改造成小于45°的符合正常使用要求的楼梯坡度。现状的楼梯坡度大约在70°左右，即使年轻人使用都很不方便，更不要提年迈的百岁老人家了。

必须在老人家居住的楼层或附近安排具备一定设施的卫生间。因为两位老人家都体弱多病，如果下到现状中的底层使用卫生间，那么将会非常的不便且不安全。

必须创造一处这个复合家庭的公共活动空间——起居室。现状中似乎葛家的居住条件并不极端困难，但是葛家的家庭构成非常复杂。即使简化归类也可将葛家家庭结构与居住空间划分为3个部分组成：葛老先生的卧室和葛老太太的卧室，各自独立，并必须考虑陪护人员的空间，布局必须便于护理，又必须方便联系，使得老人家能够方便地会面和交流；媳妇和孙子的卧室，实为一独立家庭，但是与大家庭其他构成共用餐厅、卫生间、起居室；葛老先生其中一位儿子的卧室，实为一独立家庭，且与大家庭共享公用设施。这三户家庭所需的空间，即使经过改造，也仅仅提供了卧室，缺少家庭公共活动空间，因此必须为该大家庭挖掘一处家庭起居室。

在构思这项改造工程时，我想可以通过在有限空间中采用竖向立体增扩空间方法，在努力满足基本生活功能后，提升生活空间质量，并创造在有限条件下舒适的居住空间。在此基础上，力求为使用者提供一处满足精神需求的温馨的居住空间。

在具体的措施上，我们通过坡顶下的空间利用以及原储物空间的挖掘与合并，增设出一层较为完整的夹层。在夹层上安置葛老太太和其女儿的卧室，临近卧室布局符合老年人使用的卫生间。同时在夹层上还设置有开放式简易厨房和就餐空间，便于老人家不必下楼就可以方便地用餐和加工食物。

在获得了主要空间之后，我们改变了原底层卫生间的门的位置，从而将原来进入卫生间前的过道转变为一间洗衣房。对于空间非常有限的住宅来说，设法合并交通所占据的空间是非常关键的举措，通过这一措施可以将之前利用率低且重复的空间转化为具体的功能空间，为住宅的正常使用增加了必需的设施。

为了减缓楼梯的坡度，在第一跑楼梯段，设计将部分台阶延伸至餐厅。这一方法既解决了梯段陡峭的难题，同时为该住宅的主要楼梯增加了引导性，也为原来较为封闭沉闷的餐厅空间增加了活跃因素。

经过一系列的空间改造之后，满足了空间量的需求以及初期确定的目标。那么如何提升该住宅的空间品质则是这个设计的更高要求。

我希望更多地通过空间来表达我们的设计追求，而不是仅仅停留在饰面材料的拼贴上。更多地通过建筑技术、结构和材料运用的合理性与逻辑性来实现形式美的真实与自然体现，而不是表面的“美化”。多年来，当我们从境外的电视剧和电影中领略到了令人仰慕的发达国家的生活条件和环境后，或者留恋于酒吧间和星级酒店的空间氛围，试图将这种电视剧的布景居家环境和酒吧间的富丽堂皇搬进自己的家，沉迷实现暴发后的欲望膨胀，以为那些就是所谓的现代化生活。反映在住宅的装修上便体现为令人目眩的过度装潢。

其实，一栋小住宅，能够运用空间来表达设计意图的途径是很有限的，能够展示空间意图的也通常在公共交通和公共空间方面。而我们的空间意图就是在有限的条件下提升整个居住空间品质和意境，在满足生理基本需求的前提下创造空间的舒适感和精神愉悦。另外通过空间的经营表达我们对于空间的真实美的理解，以及空间围合构件的技术、结构和材料的逻辑，相辅相成。

楼梯通常是一栋住宅中不可多得的空间装饰构建，是住宅中最活跃的构成因子。楼梯处理的优劣直接影响到整栋住宅的空间品质。原住宅的楼梯介于南北房间之间，昏暗压抑而缺乏通风。经过改造后的楼梯空间，增设了玻璃顶，在西墙上又开设一扇方形的采光与通风兼顾的窗，同时又利用楼梯上空设置了一处室内阳台，在阳台的外缘布置花台。最终呈现出一处充满生机与活力，格外丰富与明朗的空间景象。

减缓楼梯的坡度需要建筑面积，连接新增加的楼层又需要新增梯段，同样需要占据建筑面积。而有限建筑面积的苛刻制约，迫使我们只能利用走道与梯段相结合，沿着行进过程中的走道设置台阶和梯段，解决了楼层及不同标高层之间的交通联系。结果，线性的标高逐渐抬高的交通空间自然而然地营造了空间序列和秩序，并且流畅地将使用者引导至各卧室，最终到达该住宅的中心——家庭活动公共空间起居室。在到达起居室前的走道及楼梯空间是整个空间序列的最重要的节点，高耸的楼梯上空使人忽略狭小空间的压抑和窘迫，获得格外的心灵解放和精神快慰。最后一跑楼梯的对景山墙的色彩变化与两侧挺拔简洁的白墙几何感，配以彩色玻璃，无意中营造了某种神圣的空间气氛，与葛家的生活习惯和信仰吻合。而起居室紧临南窗处的挑空空间，本是出于无奈，是为了避免加建的楼层在临窗檐口处的低矮空间给使用带来的不便。然而这一空间处理却扩展了起居空间，使得原本低矮的起居空间同样避免了压抑，并且增加了空间层次和空间的延伸、扩展与渗透，意犹未尽。

我一直有这样的信念，创意有时更多来自于解决问题。在整栋住宅的改造装修中，我们没有设置多余的装潢。如果存在一些装饰性的构件，那么也是因为存在着它的必要性，比如管道穿过的墙角，自然成为搁置装饰物的承台，内阳台的结构木梁便是室内的花台。

整个住宅的品质始终是本着通过空间的真实建构而完成的理念。

（注：安排绿色植物的用意，一方面希望柔化室内空间；另一方面，在设计施工过程中我们获知葛老先生因病去世，我希望借助这些绿植暗喻生生不息的顽强生命力，给予葛家一种精神安抚。）END

1 起居室
2 三层用餐空间
3 三层卧室
4 平面图
5 三层楼梯上空
6 楼梯空间
7 上三层一跑楼梯

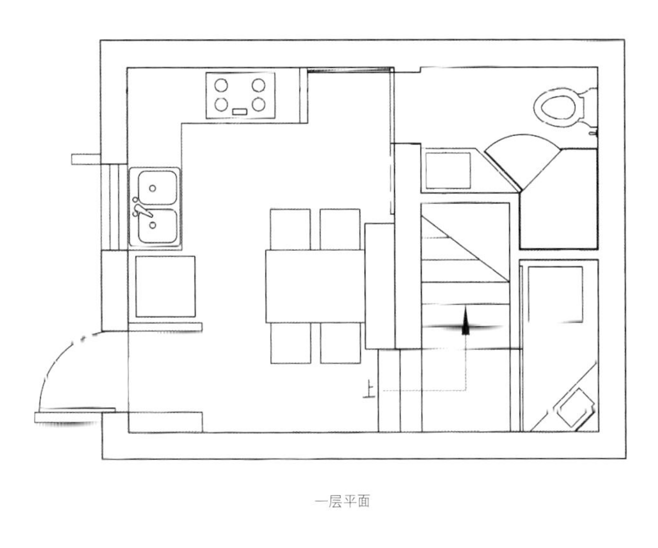

一层平面

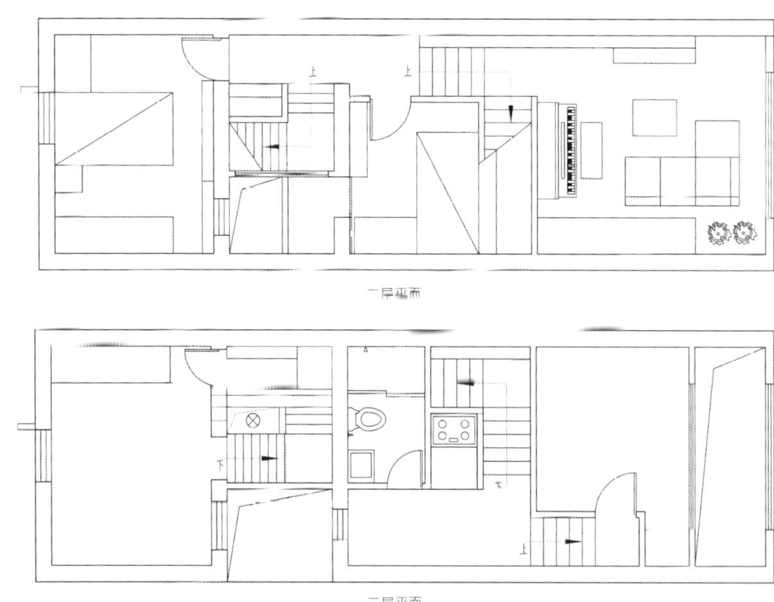

二层平面

三层平面

皇家雪兰莪－知竹常乐系列

杨明洁：民族不是“风”

撰　文 | 夏至
资料提供 | YANG DESIGN

ID =《室内设计师》
杨 = 杨明洁

说起杨明洁，这位曾囊获五项德国红点奖以及德国iF、日本G-mark、美国IDEA奖、亚洲最具影响力设计银奖在内的五十多项设计大奖，并担任过iF中国设计大奖在内的多项国际大赛评委的著名产品设计师，无论是其作品抑或其创办的YANG DESIGN（杨明洁设计顾问机构）的品牌形象，常常会与前卫、时尚、高科技感等词汇联系在一起。也因此，当我们在他的近作中看到东方意蕴之时，会有种特别的触动，更乐于倾听和分享这一段“YANG”设计遇上“中国味”的经验谈。

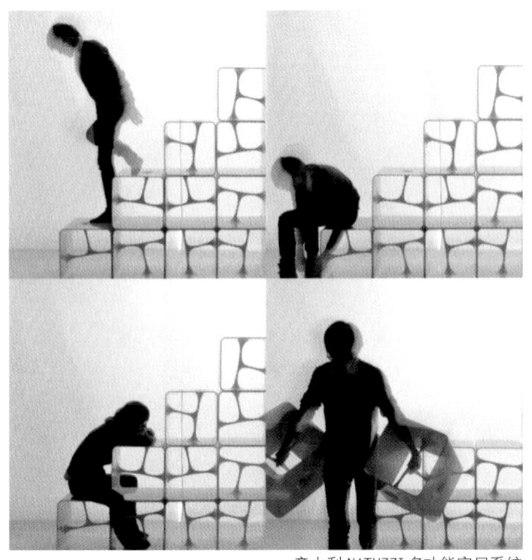

意大利NATUZZI多功能家居系统

ID 无论从中国整个设计教育来看，还是以您个人经历而言，源自西方的设计理念还是占主导位置。即使在中国传统逐渐复苏，传统手工艺和材料逐渐开始被重视的今天，“国际化”或者“洋气”仍被设定为是对一个设计的褒义评价，您作为受到国际认同的设计师，如何看待“中国设计”或“本土性”的问题？

杨 首先必须明白一点，自英国工业革命后的现代设计就是西方设计，中国在这以后的时期经历了一个很大的断层。

曾经有一位法国记者问我什么是中国的设计？她说：比如日本的设计是“极简”。

我思考了一周后，写信回答她：“筷子，筷子是可以代表中国的设计的，但不是中国当代的设计。”

的确，筷子是可以代表中国的一件优良产品。相对于西方的刀叉而言，无论从精神层面还是用户层面，筷子都体现了典型的东方哲学思维与生活方式，以不变应万变，用一种工具实现了各种进餐方式。西方则是用不同形式的刀叉解决不同的食物类型，一一对应。东西方不同的思维逻辑在两种不同的餐具上体现得淋漓尽致。

与筷子一脉相承的还有中国的马褂与旗袍，一快布往身上一披，留四个洞伸出头、双手与双脚。而西方的服装如同刀叉一样，基于功能的需要，演变得越来越细分。中国传统的马褂、旗袍并没有流传下来，或许旗袍还有人穿，但只是因其优雅出现在某些特定的场合，而并未成为主流。而筷子却是流传下来了，至今在整个亚洲依然广泛使用，为什么？因为筷子依然符合当下人们的生活方式与审美情趣，旗袍或许依然符合当下人们的审美情趣，但已不符合当下的生活方式。而马褂两者皆不符合，所以就进博物馆了。

再来看关于“极简”的问题。有哪一件产品是可以像筷子那样准确地表达“极简”的呢，无论是使用方式还是哲学思考？刀叉相对而言显得太过复杂。那么，是否可以这样认为：“极简”是源自于中国，而不是日本，也不是德国包豪斯呢？但是在当下从产品的角度来讲，将极简发扬光大，畅销全球的却是美国的苹果。

那么苹果的设计是美国的么？苹果的设计总监乔纳森坦言苹果极简的设计语言源自德国的博朗，前博朗设计总监迪特·拉姆斯的设计“十诫”对他影响至深。

我们可以从中看到关键所在：一件优良产品的诞生是基于这个国家成熟的产业背景与强势的文化背景。之所以苹果没有诞生在德国，也没有诞生在日本，更没有诞生于中国，即便是生产在中国。因为美国拥有全球最发达的信息产业基础，但毫无疑问的是苹果的产品是代表美国设计的。

所以这是一个关于产品的国家性与民族性

的问题，这不是单靠设计师能完成的，一件优良产品的诞生到畅销全球，必需依托于一个国家产业基础的成熟及文化的强势，接下来便是一件自然而然的事情了。

回到中国，要做一看上去像中国的产品其实并不难，难的是该产品如何基于本土的产业基础与文化基因，并在全球畅销，产生影响力，比如德国的汽车，意大利的家具、箱包。

ID 那么设计的"中国性"或"本土性"应如何呈现?

杨 中国元素要应用于当代设计，必须解决一个问题，就是如何使传统的元素能符合现代的生活。那些在表面做些中国元素的符号装饰的设计，全都是垃圾。中国元素对我的设计一定有影响，但不是设计的本质，设计有自身独立的本质，中国元素可以是一种手段，印度元素也可以。首先设计本身有自己具备的原则与逻辑，与中国还是美国并没关系。所以我首先必须要做一个好的设计，这和中国没有关系。表达中国的定义是更高的一层，我希望是从材料、结构、生活方式去入手，而非表象地去解释中国定义。

如果要强调中国设计与其他国家设计的差异，那么中国设计应该体现中国人的审美价值，如：中央对称，俯瞰性美学，被尊重等。喜庆的、富足的、正义的等正面喻意的中国元素在当下会是主流的，另外，无论如何，中国设计应该完美地体现或适合中国人的生活方式。是要符合中国现代人生活方式的，解决当下问题的，实现完美用户体验的。

ID 您对传统工艺接触得多吗？有怎样的了解?

杨 去年我们做的两个项目，都与传统手工艺有关。一个是与朱哲琴的世界看见项目合作，采取传统的苗纸工艺，设计开发一系列的包装、饰品与灯具。另一个是"知竹常乐"，采用马来西亚的传统锡工艺结合竹这种材料，设计开发一系列的茶具。

"知竹长乐"以"竹"作为设计的源点，在中国传统文化中，竹不屈不饶的节气风骨，自强不息的自勉精神，是与梅、兰、菊齐名的四君子之一。竹同时也富含吉祥寄意，代表平安喜乐，长寿安康。竹的纵向纤维质感也是此次方案中的重要视觉元素与功能载体，应用在整套产品的表面处理上。

但这不是最重要的，重要的是传统文化中有很多优秀的内涵值得我们去挖掘与传承，如传统的形态与构造，我们希望采用传统工艺去设计开发符合现代生活方式的产品，表达东方意境，并符合现代生活。

ID 能否具体谈谈"知竹常乐"这系列作品的设计和思考、制作过程。

杨 此次合作源于一趟奇妙的马兰西亚之旅，在这次旅行中，我结识了一个诞生于1885年，全球首屈一指的锡镴品牌——皇家雪兰莪，其128年来对于锡镴工艺的专注让我印象深刻。在几天的行程中，我参观了皇家雪兰莪的博物馆、工厂，我还去了当地的伊斯兰文化博物馆以及华人街。我也尝试亲手去制作一件锡器，体会其工艺的精妙之处。

皇家雪兰莪的创始人杨堃先生，同为华人，合作之初我们达成了一个共识，我们希望最终的作品能够基于皇家雪兰莪的精湛工艺去传达华人世界的传统文化、生活哲学。我们尝试了纸、书法、叶脉、流水、悬空等各种可能性，历时一年多，数百张草图，最终决定确定中国传统文化语义"竹"作为设计源点。

这一系列茶具为现代喝茶习惯而设计，包括茶壶、茶叶罐、茶筅和茶食小碟。采用锡与竹两种材料组合而成，充分地将两种材料的优缺点进行互补，实现了美学与功能的统一。其中竹制把手与底盘的防烫与防撞功能、外张茶罐盖的易开启，茶具外表源自竹纤维的凹凸纹理，减少了手与金属表面的接触面积，也消解了金属材料过烫或过冷的缺憾，有更加温和的手感。茶食小碟源自脱落的笋衣，自然收紧的边缘方便双指轻松捏起。其中最重要的创新在于茶壶壶盖圆盘型的竹制把手，以及壶盖与滤茶器之间的卡口。用户可以轻松转动圆形把手，带动下部滤茶器的转动，使聚集在滤茶器内的浓厚茶汁，可以快速地释放到茶壶中。因而整套茶具不但突破了中国传统茶具的视觉形象，

限量版茶几－风的固态

也让饮茶者有更好的用户体验。

ID 这样一个作品的完成对您的设计带来哪些新的感触?

杨 我一直记得我的德国导师说过的一句话：Einfach ist nicht einfach，意思是简单是一种精神，它并不容易实现。眼前的世界充满诱惑，我们必须学会放弃，将内心变得简单，从而专心将真正有意义的事做到极致。而"知竹常乐"源于"知足常乐"，也是一种精神，是一种中国传统的生活哲学，一种对于物质日益富足的当下生活有着正面启迪意义的生活态度，同样也是我们在饮茶时所应拥有的一种境界。

ID 您觉得有志于将传统工艺应用到设计中的当代设计师，如何切入比较合适?

杨 对于设计师而言，我认为传统的文化及器物需要再设计，并符合到现代人的生活中，才能更好地得到传承。比如明代的太师椅，坐面与靠背几乎成90°，这符合那个时代人们"衣襟危坐"的礼仪要求，但现代人更愿意躺在沙发上，太师椅只能成为一个摆设，更符合人体工学的坐面与靠背的角度是110~120° 左右。

ID 如果不是出于客户的要求，您会在今后的设计中继续表现"民族风"吗?

杨 我不喜欢"民族风"这个词，或许用于流行音乐或者服装可以，但不适合产品设计，因为这不是一阵"风"的事情。要在产品设计中实现这种中国风格其实不是一件容易的事情，在一些生活类用品方面可能会比较简单，但是在电子类产品里面要实现这个可能就没那么简单，比较容易流于表面。

我们公司每年都会做设计趋势的研究，我们发现这种趋势是每年都会变化的，同时也是跨国界或者是跨行业的。比如说新装饰主义，不管是椅子也好，家居也好，在表面做一些纹饰，这可以是中国的、日本的、或者是美国的。具体这个纹样是什么样的并无定论。我觉得这个融合并不单纯是东方的，或者是西方的，可能就是一个新的东西。在设计中强调中国文化，可以理解成一种民族自尊亦或是民族自卑感在设计中的体现。"中国元素"只是一个可用的元素，没有必要去探讨他的来源，也不应该被局限，关键在如何去用，而不是一个最终的目的，如果只是简单地把某个中国元素的符号放进来就不能算是个好的设计。真正好的设计产品应该可以带领时尚的潮流，同时又符合大众的消费市场需要。END

板凳上的风景

范文兵

建筑学教师，建筑师，城市设计师

我对专业思考秉持如下观点：我自己在（专业）世界中感受到的“真实问题”，比（专业）学理潮流中的“新潮问题”更重要。也就是说，学理层面的自圆其说，假如在现实中无法触碰某个“真实问题”的话，那个潮流，在我的评价系统中就不太重要。当然，我可能会拿它做纯粹的智力体操，但的确很难有内在冲动去思考它。所以，专业思考和我的人生是密不可分的，专业存在的目的，是帮助我的人生体验到更多，思考专业，常常就是在思考人生。

美国场景记录：人物速写 II

撰　文 ｜ 范文兵

中国孩子的养父母

“我绝大多数朋友经常去国外旅行，因此他们会知道很多国外的事情。”

在我靠近 OSU 校园住所附近的一家咖啡馆里，对面的一位 30 出头的白人男子边吃简单的午餐，边对我说出这段话。

这是一个普通美国中部青年人的样子，个子超过 180，随意的短裤、T 恤衫。面前的午餐只是一个面包，是我心目中对吃不讲究（估计也不知如何讲究）的美国人的标准作派。

但这句话一下点醒我，他，以及他周围的生活圈子，至少是中产偏上。因为出国旅行，对这个中西部小城的普通中产居民来说，还是一件奢侈之事，更何况“经常”。

在美国，尤其中部大部分地区，多数人的穿着打扮都很平常、不讲究，只有在跟他们聊起各自不同的生活经历时，你才能感受到各个阶层间的明显差异。

他是我的中国朋友 Y 老师带过来的，他们从此地每年举办的中国节（庆祝端午节举办龙舟赛）的现场过来，他是其中一个队伍的划船手。

他继续告诉我，他们夫妇收养了一个中国孤儿，现在还想继续收养一个，自己的孩子不打算要了。

他说，他带着自己收养的孩子在中国旅行时，感觉与周围很“隔绝”。虽然他对中国充满了兴趣，但始终无法和当地人深入交流。他说在合肥时，竟像动物园里的动物一样被人围观（我无法想象一个省会城市今天会是这样？是他过敏吗？）

他告诉我，昨天作为志愿者，专程去机场接一群来自哥伦布姐妹城市合肥的官员们。“他们一大群人，全穿着一模一样的黑西装。到了今天中国节（龙舟赛）现场，也一直是一堆人聚在一起，不怎么跟外界交流，似乎还特别警惕外界，好奇怪呀！”

他在纽约工作过多年，父亲是律师，现在回到出生地哥伦布工作。

聊完天，他开着一辆超炫的敞篷蓝色跑车，在刺眼的阳光下绝尘而去。

无家可归的乞讨者们

校园附近有条名为高街（high street）的马路，沿街有很多饭店、商铺，是通往市中心（downtown）的热闹干道。

沿高街几个不同路口，常年分别驻扎着一位干瘦的白人老者，几个身形粗壮的黑人中年男子，他们都是无家可归的乞讨者。

那个白人老者眼很尖，能一眼看出我的初来乍到，会在我经过时，靠过来喃喃唠叨，要一两块钱，再后来，等我成为熟面孔后，就不再伸手讨要。而那几个中年黑人，自始至终，只要见到我（或黄皮肤业裔人），就会拿几张报纸晃荡着，索要零钱。当然，你不给，这些乞讨者也不会有过分之举。

这两天临近感恩节，气温骤降。乞讨者似乎一下子多了起来，分布地也在不断扩散。

中午在校园临近建筑系馆的岔道口，遇见两名身形虚胖的中年男女，全身上下用黑白相

间横条纹衣衫裹得严严实实，举着“需要食物、需要夹克、需要住处（motel，汽车旅馆）”字样的纸牌子，面露渴求，沉默而矜持地站着。

下午在 downtown 附近，坐在朋友车里经过一个快速路口，又看见一名黑人男子，举着手写的密密麻麻、歪歪扭扭小字的纸牌子，一动不动地立在寒风之中。因为字小车速快，看不清楚，问同车美国女生。她告诉我：“是无家可归者，需要食物、钱什么的。”似乎怕我误解，接着又解释道：“他们其实可以到政府机构，或慈善组织处获得帮助，包括领取固定补助。很多人要现钱，是为了买酒、烟、毒品之类的东西。”

车子瞬间到了目的地，我没来得及把心里的疑问讲出来，我想问的是：“真的都是这样吗？或者说，如果真的是这样，你还会给他们零钱吗？”

我自己的第一反应是不给，不能让他们去沾那些“不好”的东西。但往深里一想，又有些迷惑：不给钱可以，但是，我有什么权利居高临下地判断这些成年人应该认为哪些东西是好的，哪些是不好的呢？

异国恋人

“黑色星期五”（Black Friday，商家感恩节后打折促销的日子）的第二天，天阴沉沉的，下起小雪，冷风阵阵。

我全副武装，搭乘公交去附近商业中心的日本面包房买晚上聚会吃的蛋糕。由于住所附近有家本田（Honda）汽车厂，因此，周围几个点状布置的郊外商业中心，总能看见日本人出没，以及专为他们服务的日本超市、饭馆、面包房、影碟店、跆拳道馆等设施。

买好蛋糕走回公交站，发现此时车站里已有两位年轻人，一个是高高大大的美国男孩，一个是小巧个头的亚洲女孩。

女孩仰着头，用日语小声跟男孩聊天，男孩则用日语加英语回答她。

女孩用蓝色头巾将头部裹得严严实实，上身驼色短大衣，下身黑色紧身牛仔裤、长筒麂皮靴，典型的日式新潮模样，背个 blingbling 的黑包。男孩 20 岁出头，普通美国年轻人打扮，破旧的球鞋，牛仔裤，连帽衫，双肩背包，神情稚嫩，面容里有种圆润的柔和感，这是此地常与日本人打交道的美国人特有的一种表情。

公车来了，我们互相谦让了一下，我让他俩先上。

男孩第一个上车，用的是 OSU 的学生 ID（学生免费乘公车）。女孩此时才揭开头巾，掏出现金买票，并回头客气地用日语对我的礼让表示感谢。此时我才发现，女孩应该可以叫女人了，至少 30 岁出头。两人在我前面走进公车深处，甜蜜地依偎着并排坐下。

我忽然觉得，好像是在看一出山口百惠和三浦友和主演的青春电影，年轻的男大学生和已经可以赚钱的女工的爱情故事。

过去此类电影往往以悲剧结尾。今天，我默默地坐在热烘烘的公车里，在心里大声喊道：爱情，加油！

老人们 –1

当我得知曾碰过几次面的美国贵妇琳达 67 岁时，非常惊讶！

不仅惊讶于她保养很好的身材、面容，最多四五十岁模样，更惊讶于她在与我交谈时表现出的好奇心，学习吸取新东西的能力，以及依然明确地将自己视为女人而不是老妇的状态。回想我在这里认识的几位老人家，琳达这种状态还真是挺常见的。

一位 60 多岁的内科医生，身形矫健如二三十岁的年轻人，喜欢运动、旅游；

一位 60 多岁的戏剧退休教授，对艺术的热爱，对新知的渴求，争论起来常常如同少年一般激动；

一位 60 多岁的园艺师，还在上日本插花课，而且将所学马上用在工作之中……

同龄的大部分中国老人，似乎只能用“祥和”之类的词汇来形容那种含饴弄孙、天伦之乐的状态，而我认识的这些美国老人，几乎可以用所有形容年轻人的词汇来描述，甚至有种我在国内年轻人身上都已不多见的好奇心、“积极主动”的态度。

当然，“活到老、学到老”的状态，多集中在知识和专业阶层，而其他阶层的老人，据我观察，也多有属于自己的兴趣爱好，比如去做公益，去做传教服务……

美国绝大部分老人家将老年生活视为“人生”的一部分，不依附于孩子，有自己的社交圈，自己的生活兴趣，把自己视为男人和女人，而不是老人。

背景介绍：

今天美国60多岁老人多出生于1945~1955年，是二次大战后出生的“婴儿潮”一代，人数约有7800万。他们的父母二战后退伍回国，美国政府推出GI Bill给退伍军人许多好政策，保证他们重新入学念书的费用，买房低息贷款，1950~1960年代美国大企业的跨国扩张又提供了大量就业机会。因此，这一代人童年生活普遍不错，成年时，又赶上1970~1990年代美国的经济繁荣，他们中许多人在青年、中年时期投资房地产或股票，中年时期生活也很舒服。这些老人家的小孩出生时已是70后，成长于后石油危机时代，日本产品充斥美国市场，开始感受到亚洲经济成长和新移民带来的竞争压力，生活就不如父辈那么安逸。这和中国每一代人有不同的命运与机会，颇有相似之处。（来源：刘宇扬）

老人们 – 2

在匹兹堡遇见一名灰狗长途汽车公司的司机，黑人，84 岁，像训孩子一样严肃地告诉全车乘客，途中不许打电话，不许高声交谈。

在华盛顿遇见一名出租司机，印度移民，72 岁，已经做到和出租公司单独分账，作为运动员在 1960 年代曾去过中国，见过周恩来。

在哥伦布遇见一名出租司机，白人，68 岁，去过越南打仗，到过香港运军需，回国后先在邮局，然后再开出租……

一路走来，我遇见很多这样超过 60 岁的老人仍然在工作，白人、墨西哥人、东欧移民、非洲裔人……各种族都有，心里不禁疑问，他们为什么不退休呢?

60 多岁的园艺师考夫曼（Koffman）告诉我：“从我个人角度讲，也可以不工作，但肯定只能过简单的生活，随便旅行是不可能了。当然，我的确喜欢工作，喜欢和人打交道。但绝大部分美国老年人，因为年轻时的生活方式是不考虑明天的，只知花销没有积蓄，等老了才发现，仅靠退休不能维持过去的生活水准，于是就必须工作！当然，各种制度、工会组织，也是允许老年人工作的。”

50 多岁的水电工麦克（Mike）告诉我：“我如果像中国老年人那样 60 岁就退休，那我就要到高街上去讨钱了”。他告诉我，他的岳父，60 岁以后先后退休过 3 次，退休完了再找一份工作，直到 80 多岁，还做州政府大楼的门卫，最后是在工作中去世的。

我从别的老人那里还了解到，医疗金也是个很重要原因。一场大病，会让医疗保险买得不充分的人倾家荡产（美国绝大多数人没有投保长期住院保险，一般的医疗保险只负担两个月的医疗费用），也不得不出来工作。比如我认识一名教师，40 多岁时得了白血病，花了一大笔钱，于是只好卖掉费城的大房子回到家乡哥伦布，直到 60 多岁还在工作。

背景介绍：

2008年爆发的金融危机让婴儿潮一代很多人的投资打了水漂，他们可能要面临困窘的退休生活。据美国退休者协会统计，大约40%到了退休年龄的美国人有意工作到干不动时为止。在30年前，接近40%的美国私营企业员工享受退休金，足以保障老年生活。但如今这一比例已下降到不足15%。（来源：2011年01月05日人民网《美国婴儿潮一代进退两难》）

墓园里的老人

在耶鲁校园里对着地图找一幢著名建筑，走着走着，来到了校园旁的一座墓园。

此时已近黄昏，只有一位60多岁的看门人在入口门房。我一时好奇想进去看看，他问我几点出来，我说看一下就走，他就挥手放行了。

我在寂静的墓地里边走边看，安静得只有耳边寒风呼呼作响，夕阳下的树影、墓碑的影子，都拉得非常长……忽然，身后一句“Hi”吓了我一跳。回头一看，是位五六十岁的老人坐在一个长条椅子上向我打招呼。他问我哪里来的，我说中国上海。他说，哦，浦东，很多高楼呀。

他身披一件绿色格子衬衫，里面是蓝色的毛衣，灰褐的皮鞋上满是灰尘。这么冷的天气坐在室外，有些不可思议。

“你可以给我拍张照片吗？”他问。我答应了，以为就像平时某些美国人好奇，希望外国人给拍张照做个鬼脸就可以了。哪知拍完，他走了过来，还要在相机的取景框里看，然后说要我寄照片给他。这把我吓了一跳，以为碰见了一个神经不正常的人，急忙跟他说，我没办法给你寄，你必须要有电脑我才能发给你。

他没多说话，拉着我就向墓园门口走去，到了门口，大叫门卫，看样子他们是老熟人了。门卫出来说，他没有电脑。可这位老人很固执地从裤子口袋里摸出一卷皱巴巴的钞票，抽出几张非要塞给我做邮费。我连忙说，你看，我

也不保存这张照片，我删掉好了，我实在是没办法给你寄的。

我匆匆挣脱开他的手快步走出了墓园，但走着走着，隐隐地，觉得有些遗憾。过了好多天后，都会时不时想起这件事。也许，他只是一个很久没看到自己照片的老人了，我留下地址，打印出来给他寄到这个墓园，也不麻烦呀，什么时候自己养成了对陌生人如此戒备的心理呢？

印度移民

国际学生组织（IFI）安排了尼加拉大瀑布（niagara falls）2日游。由于人手不够，他们请来了一名印度裔司机帮忙开车。

印度司机全家都来了，一共5口。夫妇两个，加上一个女儿，两个儿子。丈夫很开朗，50多岁，妻子是家庭主妇，话不多，总是面带微笑。

我坐在司机旁边，和他聊起天来。他告诉我，他是1980年代到美国来读研究生的，读完后发现这里比印度好，毕业后就决定留下来，并把家人陆陆续续都接了过来。

我问，能告诉我哪里好吗？他说，这里腐败少！不像在印度，做一点事儿，每个有权的人都要伸手，听说你们中国也是这样，要走很多关系（他居然知道guanxi这个词儿）。我哈哈大笑，说，作为中国人，我非常理解你的感受！他告诉我，刚留美国那会儿，很艰难，就是IFI帮助了他，他也为这个组织工作了很长一段时间。

他的大儿子很活络，黝黑的皮肤，高挑的个子，穿着在哥伦布这座小城里算时髦的了。他没有读大学就开始工作，现在一家餐厅打工，有时也帮父亲做点事儿，对未来的设想是做生意赚大钱。我好几次都恍惚觉得，是在和中国某个三、四线小城里技校毕业后就开始工作的孩子聊天，喜欢的东西，想像的未来，包括气质，都非常像。

印度司机目前的主业是开大货车送货跑长途，一出门就是好几个礼拜。我非常感兴趣，问他，能否将来蹭他的车旅行呢？他说，可以呀，不过一定要额外付钱的！

印尼女博士

在一个OSU美国研究生举办的家庭派对上，我和来自印尼，在此地学教育的女博士生J聊了起来。

我们先是一起感慨，跟各种认识或不认识的人起劲聊天的美式聚会派对方式，和我们熟悉的，几个认识的朋友围坐在一起，边吃边聊的亚洲方式是如此不同后，又聊到了她的学习，她告诉我说，她要在这里呆上5年时间。

她平静地说：“我可能中间都不会回国了，因为路费太贵了。去年7月我父亲去世也没回去，因为回去也没用。”

我安静地听着，不知说什么好。

她之所以能和我说到这么私人的话题，是因为她正和我的室友，一个美国男生交往，为此几个人一起吃过几次饭，和我算是比较熟了（但男生始终没跟我们周围人正式说，这是他女朋友）。

她身材纤细，皮肤略黑，语调温婉，善解人意，总是面带微笑，非常符合我想象中的东南亚女性的形象。而当她告诉我，自己不会做饭时，我一下子才惊醒过来，她应该是他们那个国家属于西化的、走出传统的一代新女性了。END

唐克扬

以自己的角度切入建筑设计和研究，他的“作品”从展览策划、博物馆空间设计直至建筑史和文学写作。

坐卧之处

撰　文 | 唐克扬

人的生命显然和床脱不了关系：婴儿床、宿舍的上下铺、婚床……英语里连最终的去处也叫做 death bed，人们在此诞生、休憩、造爱、逝去……不是你愿不愿意，而是每个人一天中的可观时间都要在此处度过。关于床，我最喜欢爱德华·霍柏（Edward Hopper）的一幅画《早晨的阳光》（Morning Sun，1952 年），准确地捕捉了空虚和茫然的现代人戏剧性又无比真实的一刻。在这一刻，她还没有真的起身，尚未完全脱离那个温暖的梦的渊薮，她的身体的大部分还陷在凌乱的被褥中，而在窗外的世界是一幕宛如画片的远景——卧室是难得的、深渊一般的真实，在正常的社会生活里，人们的身体只有少部分是处于真正舒适和放松的状态之中的。

对于中国人的传统而言，“床”是什么，答案却又不那么显然。有一种流行的说法，就是

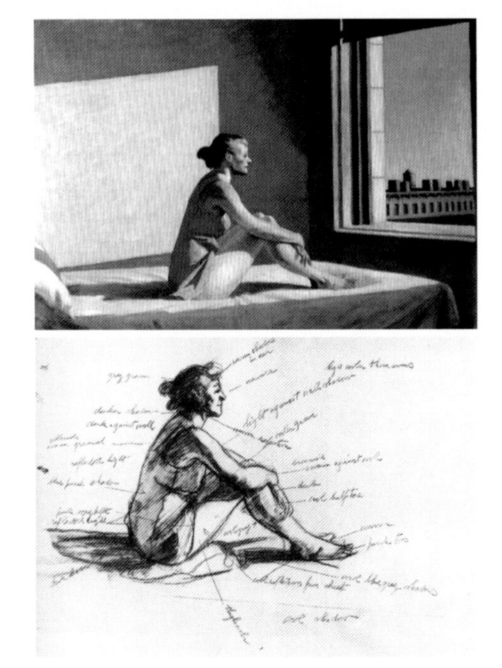

隋唐之前“床”的含义其实和现在有所不同，在引入垂足坐的习惯之前，床没那么高，是用来坐而不是用来睡的，因此李白那首著名的《静夜思》说的其实是李白“坐”起而不是躺着的情形，“床前明月光”——这一幕也许和霍柏的画面类似，时辰却正好（随着时差）掉了个儿，其中蕴涵的“文化情绪”（"cultural sensibility"，借用李欧梵形容《卧虎藏龙》的说法）恐怕也大大不同。

再仔细想想，这种说法其实也是不够准确的，我们真的还能理解《静夜思》彼时的空间和意绪吗？那时的“床”确实也可以用来睡，要不然李白在半夜里空“坐”着又能干什么呢？中古中国人的室内陈设很简单，有点像日本人的榻榻米地坪，是按“地面”（单元）而非“物品”（套件）来组织，既然独立的高足家具较少，大多数地方都是“多功能”的，貌似灵活却又不那么“随便”。仅仅这一点，就构成了今古室内空间知觉间的某种障碍，也导致了“床”的功能不同。

坐卧常在一起，而“床”、“榻”也由此并举，理解古汉语特点并熟悉各种释名的人会明白，“床”、“榻”的含义确实有所区别，就像“妻”、“子”连用时指的其实是两类关系，但是与此同时，“床”、“榻”又不免是关系连带的，问题也许不仅在于具体形制——它们长得其实真的差别不大——更多的可能是其中礼仪的讲究，在于使用者的生活状态，器具并不复杂，而姿态却总是珍重的，“坐”起的时候，使用者所在的位置成了一间屋子的礼仪中心，他必然不是四仰八叉地散卧。“坐”榻的时候，“踞坐”（两脚底和臀部着地）也许只是稍微舒服一点，但在别人眼里已是相当傲慢无礼。只是到后来，才有了稍微舒服些的凳子和椅子，如此起居的家具就慢慢和私密的生活分离了。

虽然神往中古中国的气象，我其实从来没有体验过跪在席上的起居，也一点都不喜欢老式的生活家具，更不要说委屈自己像那时的人们那样“端坐”。有一次在安徽歙县的黄宾虹纪念馆，招待的一位小朋友是那里的负责人，作为管理员，他本人就在黄宾虹故居的一间偏房里借住，忘了缘何开玩笑说：你要是不嫌蚊子多，今晚就可以睡在这里啊……能够在景仰的前辈艺术家屋里过夜听起来是个不错的主意，可是我稍微试了下，自己就打消了这个念头。卧榻之侧，岂容他人安睡？这个想法首先是有点不敬的；更主要、也更直接的原因，是那张硬邦邦的床摸起来实在是太不舒服——其实，我也知道，相比隋唐以前简朴的“床榻”甚至“枕席”，明清的架子床已是改良太多了。

了解建筑首先要了解人，了解他们的所作所为，这样具体的“所见”和“所感”，显然，我自己的经验和知识告诉我，古往今来，我们的身体知觉已经发生了极大变化，而这变化首先是从坐卧之处开始的。

无数次的，我陪同参观博物馆的客人们都会问类似的问题，那些青瓷、白瓷的“孩儿枕”究竟是不是实用器具，那睡着得多硬？其实古人很可能就是那样“硬”着的。沙发和懒汉喜欢的，无定型的“豆包”（bean bag chair）软椅，其实都是游牧人的传统，不用说中国，即便罗马人的时代都没有这样舒适的、专门用来放松的家具。它反映出在一定阈值内，人的生物属性其实也有很大的变数，“舒适”是由约束而产生的自由，作为一种文化变量，它是相对而不是绝对的——我甚至有一种没有学术依据的直觉，反而是因为这种粗粝的境地，过去的人类社会才保存着起码的礼数，才会有“管宁割

席”这样固守自己本“位”的事情发生。就像12世纪葡萄牙布拉加的主教圣弗卢克·布鲁克托索所担心的那样，男女杂居而无专门床“铺”的时候，大伙很容易就睡到了一起而乱交，而当一切都变得太舒服之后，文明能造就的感知反而迟钝了。

今天我们身处的环境已经相当“人性化”了，对当代中国人而言，“室内”这个词绝对是种乌托邦式的憧憬，他们的桃花源不在武陵深处，而在于都市体块凿空的孔洞里。对于这样难得的逃遁处的经营向来不遗余力，凡是触手的地方都“装修”过了。更不要说，还有空调、暖气这样的技术手段，它把“家”变成了一个和艰难困苦绝缘的无菌室。多少次我曾经在这样温暖的屋里枯坐着，热空气实际上是看不见的粘接剂，它使得整个建筑成了统一黏稠的体量，和冰冷无情的室外风雨截然分离。在这样的空间里，床并没有特别的重要性——毫无疑问这一切都是现代西方人，或者是他们所代表的物质文明所造就的，我还记得第一次见到西方式的室内，壁纸、地毯、床头的软垫、至少是不掉粉的各类涂装，使人倍感轻松亲切，大学生宿舍里经常可以见到的折叠矮榻（futon），并不太高，或许也正是这样一种亲近感的反映，这样的房间大多地方都是可卧可坐的，倒使人想起远古的房间——但是它们映射的身体知觉却截然不同。

过去时代的建筑空间仿佛并不是这样，我虽然最终没有去睡黄宾虹先生的卧榻，但是曾在瑞士朋友的山野小屋中领略严酷但并不失“文明”的室内，也许和我想象的相仿。这是苏黎世附近一个叫做温特土尔（Winterthur）的城市的郊区。朋友的父亲是一位非常有名的老科学家，虽然有极高的声誉，退休后却简单地住在一间旧木屋中，说起来他们绝对不是物质匮乏，也许这就是某种我们习惯称为“民族性”的集体习惯使然，房间里并没有什么讲究的装修，也很少几张真正的床，客人的铺盖就摊在地板上。说句实话那晚上真的是有点不太适应，它使我想起了久违的儿时的南方，因为在寒冷的新年夜这里只有被窝才是勉强有些热意的，铺盖很少很薄，它迫使你不停地蜷缩身体，想让那一点热量不至于很快流失出去。

但也就是在那一晚，我才意识到了建筑空间和肉体的关系。当你瞪着眼看着粗大的、黑黝黝的房梁，恨不能缩成一小团，就想到平素被柔软甜腻包裹着的一切其实是个假象，因为真正属于你的只有身边的那一小块地方——它又不仅仅是一种“原始”、“冷落”的状况，而是不同的生活习惯对“舒适”的定义，朋友意外地送来了他们常用的“热袋”——叫“热袋”名副其实，因为它是一袋袋在房屋中心的烤炉里烤热的石头，不时更换。“热袋”用毛毡包着，热量一点点地传递到冰凉的被子里的身体上，不是分体式空调加热吹来的热烘烘干燥空气，而是在清冷的世界里慢慢升起的一丝温暖，又顺着脚心在周身慢慢传递，感觉没有比这再美妙的了。

在肯尼斯·弗兰姆普顿梳理和追溯过的建筑结构的起源中，很多民族的建筑正是围绕中心的“热源”——火塘，火炉，等等发展而来的，而不是先有建筑，然后才把一切功能搬进去有条不紊地布置。建筑首先因为这种“热源”而存在，人们围坐在那里不仅仅是因为某种先入的礼仪，而是为了最基本的需要，让珍贵的热量不至于白白散失。按照这样的思路，卧室－起居之类的划分便不复存在，确实，工业革命之前的室内也是无所谓房间的，就像中古中国建筑一样，坐卧之处就是建筑的全部。那时的建筑学之中大概也没有现在这

样，由方位感细分而产生的秩序，每一个实体都遵循着它们最"本能"的朝向，并按一个混一的结构而密布，"横七竖八"也许就是这么来的吧。

可是，一个爱德华•霍柏画中的现代人——或者是某个突然"想明白了"的中古人——在醒来时坐起了……之后会有什么差别呢？现在床是一种私人的领地，而正经的坐处（座椅）也不再可以表现出无拘无束的形态，坐起之后，人们就将有一个固定的面对世界的形象。唐宋之后的中国人只能在堂屋之中端坐了，他们也不再可能在同一处倒头安眠，大多数属于人的空间知觉如今都被划分成礼仪性的和私人的两部分，前者关注的是形象，而后者才呵护知觉，两者极少数时候才能重叠。某种意义上，这种分离的结果也加强了各自的属性，"坐席"这事变得更恭谨了，"床"则成了一个既亲密和暧昧的物事，似乎除了奸情就不会有其他的可能。这两者偶然反串，就成为各种情色叙述里的异想天开——在卧室里的社交聚会，与在办公室里的乱情。

理论上还有什么东西依然可以沟通这两种极端，它既大又小，既柔软又具备某种结构，既是一种形象生成的"界面"又是笼罩一切的"空间"。中国传统中的"帷帐"或者"帷屋"就是这样的东西，这种器物的性质其实类似于建筑物和家具之间，它的功能则兼有坐具和卧具，乃至礼服冠冕和活动空间的某些方面。正因为它是中古室内环境中和人体发生密切关系的一种器物，帷帐可以算是自然身体的直接延伸，它的形制和历史流变约定着中古中国人的空间观感：作为一种标定"位"置的装置，帷帐的作用类似于意大利文艺复兴绘画之中常常看到的"权帐"（Baldacchino），它靠一个围合界定了专有的体积；因为它里面的坐榻，它又有特定的朝向性。在东汉乃至隋唐的墓室壁画中发现了大量的"帷帐"，其中墓主人被画成端坐在帷帐中目视前方，起居宴饮的样子，这个瞬间的形象凝聚着他整个的人生。而更有一些墓室中发现了作为明器的帷帐实物——它们似乎并不是给生人看的，而是想以一种象征的方式，更清晰地叙说在实际生活里不易察觉的东西，很显然，图像和模型合在一起传达了两个彼此联系又互相矛盾的信息：其一是墓主人占据着这个幽冥的空间（体积），其二他希望按照生前人们看待他的方式与他目光交接（形象）——或许只有理解了实际的帷帐是什么样子，怎么使用的，人们才好理解葬仪之中这种被拆解开了的帷帐的功能。

我们今天的生活，也许也正是一种被拆解的状态。

中古贵族尤其喜欢拖曳着这种"活动房屋"外出宴饮，因为它是一种"运动中的建筑"，又拉风，又不失一定的舒适感，既有面子，又可以休息，它具有尊贵和人性合二为一的品质；也许，这"二合一"反而是因为它简单的形制和装配方式，以及"软建筑"模糊的定位和功能——当然，能玩得起这东西的人也一定不会吝惜人力畜力的。

在当代生活中也许有类似的东西。它们既能安顿下私人的生活，是灵活自由的，又有类似的兼容基本建筑形象和安顿知觉的能力——比如在国内悄然兴起的房车，或是文艺青年喜欢的"胶囊住宅"。可惜的是，在今天这样的时代，和变化万端的电子产品所具有的形象比起来，它们还是太不"灵活"了，要拖着一个沉重的肉身；而与那些象征资本力量的傲慢"楼霸"比起来，无论怎么修饰，这些"经济型"的个人空间又略显寒酸了。

属于现代人的帷帐在哪里呢？ END

上海闻见录·环苏州河，上海最佳摩托观光之路

撰　文 ｜ 俞挺

上海最佳摩托观光之路，便是环苏州河。骑手飞奔在上海的历史和现实之间。怀旧的骑士会用幸福摩托，在晚上环游，则更像在游戏场景中穿梭。

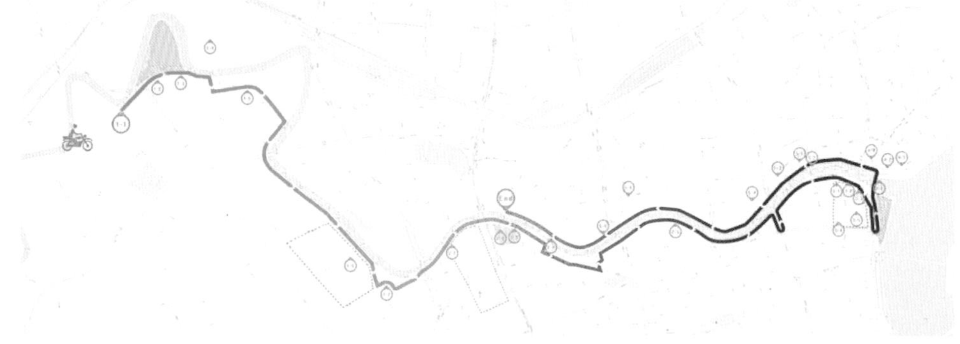

俞挺

上海人，双子座。

喜欢思考，读书，写作，艺术，命理，美食，美女。

热力学第二定律的信奉者，用互文性眼界观察世界者，传统文化的拥趸者。

是个知行合一的建筑师，教授级高工，博士。

座右铭：君子不器。

一、起始段：

宜昌路－莫干山路－西苏州路－康定东路

1.1 宜昌路救火会，宜昌路216号，1932年日本人出钱，租界工部局造，现在还为消防局使用。救火会高40m的瞭望塔业已荒废，但很合适作为观光的起点。

1.2 一号码头，宜昌路88号，原来是邬达克设计的啤酒厂，现在是个精品酒店。底层原本有家把鹅肝做成猪肝的餐厅，但室内保留了运粮食的设备，很壮观。

1.3 梦清园，宜昌路66号。一号码头借用了苏州河环保主题公园梦清园的一部分，里面有部分人工湿地来处理肮脏的苏州河水。

1.4 中远两湾城，在梦清园可以北眺上海内环最庞大壮观的住宅区，中远两湾城。对我而言，改造之前的两湾一宅才是传奇，它和虹镇老家以及定海桥并称1970年代末、1980年代初的上海三大流氓圣地，代表了上海人剽悍的拳头。

1.5 莫干山路M50，莫干山路到M50之间，两边原本是华丽的涂鸦，间或有本土小业主大书其上的鲜肉菜饭标题。现在据说都被清理了。M50是上海最早的工厂创意艺术园区，但发展了那么多画廊却至今没有一家好的咖啡馆。

1.6 转过莫干山路就是西苏州河路，这段岸堤还不高，还能感受水面的粼粼反光。西苏州路适合高速狂奔。到昌平路，慢些，昌平路68号是静安现代产业园，但更有趣的是，昌平路由此东到江宁路，北到普济路，是个老式里弄和城中村混杂的区域，本地人和外来人充分混合居住，极拥挤，脏，乱，贫穷但生机勃勃，距离繁华的南京路还不过几百米，当然也一直被忽视。

1.7 张爱玲：康定东路原本是著名洗车一条街，现在被清理了，康定东路87弄，现在的社区文化中心，原址是张爱玲的出生地。它斜对面是整修一新的康定花园。它对面的沿河建筑大多被拆除，建设了一个绿地，保留了两栋老建筑，被修得崭新崭新的。在康定东路上，离苏州河如此之近，却不得而见。只有绿地上那个庞大的壁喷泉偶尔嘈杂地暗示它的存在。

二、中段：

南苏州路

康定东路一过恒丰路桥就变成南苏州路了，恒丰路到成都路之间的南苏州路一边是参差搅合在一起的城中村、失修的石库门、1980年代的建筑、仓库和孤独的新建住宅小区形成的界面，在晚上如荒漠一般。

2.1 良友饭店，南苏州路1455号，是全国粮油系统的第一家涉外宾馆，被称为“别有洞天”，1980年代末上海时髦青年、黄牛和外国人勾兑之地。现在是莫泰168连锁廉价酒店。

良友饭店以南是上海市区拥挤居住的又一活标本——大田路住区。大田路新闸路以南的弄堂内有个哥特复兴风格的小德肋撒堂。大田路西侧正在新建地铁枢纽。12年前，我的最后一次街架在此发生。

2.2 南北高架桥下成都北路1067号是交警大队事故处理中心，骑手要低调经过这里。接着就是2006年建成的九子公园。一个精致的少人注意的小公园，沿苏州河部分是步行道，但摩托车和电动车总是心照不宣地慢速借道通过。所谓九子就是打弹子、滚轮子、掼结子、顶核子、抽陀子、造房子、跳筋子、扯铃子、套圈子。我只会打弹子。

2.3 登琨艳工作室，九子公园边上南苏州路1305号是登琨艳号称改建自杜月笙粮仓的工作室。1999年我去过一次。不知现在还是否？这路段的几家仓库都有他用，彷佛记得其中有家做过书店。至于是不是杜月笙的粮仓，就像水舍服务员宣称酒店改建自杜月笙鸦片仓库一样，待考。

2.4 乌镇路桥，1999年重建的桥一般，以前许多善男信女在这里放生，故曾有放生桥之名。乌镇路桥截断了南苏州路。我选择在这里转入新闸路。然后在长沙路左转，借道象屿大厦再回到南苏州路。这条小路上有家姐妹轩酒

店，算是价格性能不错的平民海鲜饭店。

2.5 浙江路桥，旧名垃圾桥，1905 年完工的鱼腹式简支梁钢桁架桥，一座被忽视的漂亮桥梁。之后在一大堆 1980 年代建筑和 1949 年之前老建筑的交错的阴影下加速狂奔，在河南路做个 U-TURN，转而继续向东。

三、高潮：

外滩源

奔过了虎丘路，到了年轻保安三两站立的街区，那就是环苏州河之旅的所谓奢侈地标——外滩源。

3.1NEW YORK NEW YORK，在虎丘路南苏州路的东南角荒废着，1990 年代上海三大 DISCO 舞厅之一。1998 年某夜，一个女孩在门口从我嘴上抢了一支烟大口抽着，看着我，微笑中有些挑衅。

3.2 新天安堂，南苏州路 107 号，19 世纪 RIBA 建筑师的作品，哲学家罗素和北大第一任校长曾在此发表过演讲。2007 年被烧了下，2009 修好，里面如何，不晓得，听闻民政局有意在里面设立婚姻登记处，望证实。

3.3 划船总会，南苏州路 76 号，我认识它的时候，它看上去就像个 1980 年代的劣质建筑，多次改建很难发现这是个建于 1903 年的建筑。现在根据旧图纸复原了部分，我反而不习惯，它更像个新建筑。

3.4 外滩美术馆，虎丘路 20 号，著名建筑师齐普菲尔德设计的室内，不讲还看不出来。

3.5 圆明园路南望，169 号藏着上海最好的意大利餐厅 8 1/2 Otto e Mezzo BOMBANA。北京路 31~91 号益丰大厦有 BV 的旗舰店，楼上的御宝轩也是上海前三的粤菜馆了。益丰的东侧是外滩 27 号，即鸦片商怡和洋行的旧址。餐厅水准一般，但里面有上海最大最全的酒窖。益丰的对面，圆明园路东侧就是拆除友谊商店而建的外滩 32 号半岛酒店。它和新天安堂之间是外滩 33 号，原英国领事馆，现是新黄浦的贵宾楼。偶尔在半岛"划胖"的我其实蛮怀念用外汇券购物的友谊商店的。这段圆明园路恢复了弹咯路作法，不过和我印象中不一样，现在是薄石块，不是石料。

骑手属于街头，不屑于在外滩源多停留，他会在外滩做个大转弯，上外白渡桥，可能会违反规则，但回头走虎丘路乍浦路桥，跌份。

四、转折：

外白渡桥

4.1 外白渡桥很重要，"苏州河划分了两个世界，北岸充满恐惧、死亡与日本人的刺刀。而南岸，一派歌舞升平……两岸的联系仅靠一座外白渡桥，桥的两边对立着两个世界"。这是 1937 年 ~1942 年的记忆。

最早修建外白渡桥的是怡和洋行，就是现在还活着的 Jardine Matheson 公司，他家是鼓吹对华鸦片战争的始作俑者，也是为了敛财修建的外白渡桥。由于质量差，后来被工部局赎买并于 1907 改建成钢桥。

2007 年，设计外白渡桥的英国霍华斯 厄斯金公司来信提醒上海市政府该桥已经到设计年限。2008 年，政府将桥拆下利用潮水运到民生路码头上海船厂大修，2009 年重新安装完毕。

4.2 浦江饭店，黄浦路 15 号，"曾经是世界最著名的酒店之一，上海的骄傲，现代上海的地标，世界最奢侈酒店之一"。浦江饭店是 Beaux-Arts styles 的典范。1949 年，传说蒋介石在这里用了他在大陆的最后一餐之后就离开上海去到台湾。代表旧中国的 Astor House Hotel 的传奇已死，只能有事烧纸聊作纪念。

4.3 黄浦路对骑士而言，20 号的俄罗斯领馆，涂脂抹粉的海鸥饭店，106 号的原日本领事馆和联合国中国总部旧址，话说茂悦酒店顶层的非常时髦餐厅很不错，景观更佳。这些，用眼角瞟下即可，转而进入北苏州路，迎面就是上海大厦。

4.4 上海大厦，北苏州路 20 号，原名 Broadway Mansions，也被叫过反帝大厦，是上海 Art'Deco 之旅的最佳起点，a 22-story brick ziggural"（亚述金字塔）是上海第一栋超过 10 层楼的钢结构大楼，更是上海结束 Beaux-Arts styles 的流行转而拥抱 Art'Deco 和现代主义的转折点。它的设计师还是巴马丹拿公司，老板还是沙逊。1949 年 5 月 27 日，大厦顶部升起的红旗表明上海解放。

五、副歌：

北苏州路 – 光复路

无序的建设让北苏州路沿线支离破碎，这个街道离苏州河太近，反而在过苏州河的各个桥梁下面而被忽略。原来的棚户、仓库已经显现出废墟的景象，新建的建筑和拆平的空地更加重了这种气氛。过了西藏路，北苏州路变成光复路，光复路到了长寿路天目路又戛然而止，断断续续正如这个城市破碎的记忆。

其实从上海大厦到邮政大厦这段路就已经毫无趣味，大片的街区已经被拆平，夹在当中的乍浦路也被剥得精光。悼念乍浦路，这个 1980 年代中期到 1990 年中期上海最繁华热闹和狂野的美食街，位居三大美食街之首，现在寥落惨淡。上海的王朝酒店就是在这里发家的，但是它的战场已在徐汇静安了。远处，飘鹰酒店还在，那时的三大停机坪之一，现在如何，谁关心?

5.1 上海邮政大厦，北苏州路 276 号，1924 年花了 340 万银元建成。营业大厅曾被称为远东第一大厅，现为邮政博物馆，是苏州河北岸少数能和外滩建筑群相匹敌的建筑。大厦西侧，278 号，则是香港大学上海学习中心。大厦北面，对街是糙版 art'Deco 的新亚饭店。

5.2 四川路桥是里白渡桥，又叫邮政局桥。它将虹口的四川路延伸到老城厢边上，四川路的气质如此多变，1980 年代上海三大商业街探花，如今风华不再，其中衰败的原因还真值得专门描述。我出生在四川路上的第四人民医院。补充下，乍浦路桥原名叫白渡桥，正主。

5.3 河滨大楼，北苏州路 400 号，又是沙逊的产业。Moderne 风格，又是巴马丹拿设计，那时叫公和洋行。顶层游泳池、带烤箱的煤气灶、电梯、抽水马桶和铸铁浴缸、独立供暖，景观大房，面对苏州河呈 S 状，源自沙逊姓氏的首字母。1938 年是流亡犹太人收容所之一。1945 年，著名的哥伦比亚和米高梅电影公司在此开设过办事处。1978 年加过层。现在里面藏有一个非常精致但房间分散布置的精品酒店—灿客栈。

5.4 过了河南路，是一大堆空白平地，狭窄有些肮脏的道路混合着奇怪的气味刺激骑手高速飞奔过这段空白。

5.5 过了西藏路，就是四行仓库，光复路 1 号的那个才是淞沪抗战中谢晋元带领 800 壮士据守的四行仓库。其余周边的都是日后借名而立的。它原是四间银行——金城、中南、大陆、盐业共同出资在 1931 年建设的仓库，所以称为"四行"。

5.6 平行北苏州路到四行仓库的是曲阜路，上海音响器材一条街。

六、突然的终点：

光复路 – 苏河中心

重复 5.4 的体验，但更乏味，渐渐高企的防汛墙挡住河道景色，骑手只能看看对岸莫明奇妙的天际线，到达光复路 423 号。它是建于 1912 年清代末期的荣氏家族的福新面粉厂，后改为上海市第一服装厂，现为苏河艺术中心，是美术馆和餐厅。

我最后在苏河中心只能停住，因为我不知道如何继续下去，去中远两湾城的道路被阻断，也许在乌镇路桥就回到南岸是明智之举。但过头了，要绕好大的圈子才能回到南岸，或者再绕更大圈子才能找到继续沿着北岸下行的道路。

这时要抽烟的话，大前门是最应景的了。在烟雾中我会想到，苏州河就是一道心理和文化界限。在很长的时间里，南面是上海。北面，是闸北、虹口或者之后遥远的杨浦，那是另外一个说上海话的地方。

娄烨的《苏州河》，是完全异于我的，anyway，魔都的魅力在于，每个人有各自不同的上海，这，蛮好。END

视线外的夏威夷

撰　　文　|　小V
摄　　影　|　Tommy
资料提供　|　HVCB

夏威夷是我多年的梦想，记得小时候看《成长的烦恼》时，电视剧里的一家人要到毛伊岛去旅游，那里有热带风光和草裙舞，皮肤黝黑的姑娘头上别着花朵便是我脑海中对夏威夷最初的记忆。而当我真正踏上这片土地时，她的多变令我心甘情愿，被那份蓝天白云外的孤独远游的快感所俘虏……

太平洋中心的夏威夷群岛是一个离世界上任何一个大陆最远的群岛，完全被水环绕。随着飞机越来越逼近太平洋中心星星点点的陆地，游人的好奇心也会被提到顶点，到底他们对夏威夷的期待会得到怎样的体验呢？首府火奴鲁鲁聚集了夏威夷本地80%的人口，大多数人都会将火奴鲁鲁作为进入夏威夷的首选地。绵延2400km的上百个岛屿，全由火山喷发形成，包裹在蔚蓝色的海洋中。群岛东南方末端的8个主要岛屿，包括州政府所在地火奴鲁鲁、号称景色最美的毛伊岛、活火山极为壮观的大岛。

在夏威夷租车，最流行的则是福特敞篷版野马与敞篷版牧马人了，两者截然不同的风格都会为整个夏威夷的行程增色不少。于我而言，红色牧马人较为合拍，那份纯粹与野性可以直接唤起人们对美国公路旅行的想象；摇滚乐、嬉皮士、垮掉的一代……当然，还有凯鲁亚克的《在路上》，这一切都与刚刚开始的美国公路旅行的黄金时代息息相关。对我这样一位牧马人的拥护者而言，只为那复古的设计风格与强悍的四驱系统，对它身上的诸多瑕疵则视而不见，在我看来，略带糙感也是牧马人的范儿，开着它，能给我带来某种节奏的诗意感。

毛伊岛

如果除了吃喝玩乐，你想试试探险，那么毛伊岛就会是你最理想的天堂。

当牧马人从毛伊岛西南部的豪华酒店聚集区威利亚出发时，汽车不紧不慢地驶着平坦的海边公路，一路艳阳高照，一派夏威夷的典型面貌，招牌的明信片式风景，细白沙滩、棕榈树、冲浪板、晒日光浴的男男女女，整幅画面明艳妖娆，而当真正开始哈纳之路后，天空和太平洋呈现出了夏威夷难得的铅灰色，在这边，被雨雾打湿的车窗外，太平洋森然冷漠，在地心火焰中诞生的夏威夷如今在阴云笼罩下，不断地接收着海洋与海风的雕琢，这画面像一张有年头的黑白海报。

哈纳之路

“哈纳之路”（Road to Hana）位列《美国国家地理》杂志票选出的全球最美50条汽车路线，这条贯穿茂伊岛北部海岸，经常和美国加州的大苏尔（Big Sur）以及意大利南部海岸并列，被视为世界上路边风景最为优美的公路之一。

哈纳公路始于派镇（Paia），这里是前往哈纳路上最后一处补充汽油的地方了，下一个加油站就在哈纳镇才有。这条只有52英里长的路是条颇为考验驾驶者技术的公路，因为它不仅狭窄，而且像过山车一样，一会儿钻入原始森林覆盖的山谷，一会儿就跃上突出的山脊悬崖，一路经过600多处弯道，54座只许一辆车通过的小桥，而且多数的弯道都是U形的有着不能超过20迈的标志，但是风景一流，每拐一个弯，总会有一份惊喜在前面等着的感觉。沿途可以看到多处瀑布，有的飞流直下，有的只愿意舒展一下筋骨，你可以选择远足。

走这条路的重点不是去哈纳小镇，重点是驾车走在那条弯弯曲曲路上的体验。当然那里的风景也很美，我们就在某个观景点上看到蔚蓝海面的另一侧，是茂宜岛的最高的的火山——哈雷卡拉（Haleakala）火山，南边波光粼粼的海面上，也时不时会冒出鲸鱼喷出的白色水汽，那时，瞬间感觉夏威夷就是个天堂。

牧马人在这样的道路上表现突出，转向柔顺而准确，方向盘手感之好完全不像我对循环球式助力转向原来的印象。底盘在弯道中的表现也非常平稳，在山间弯道中有着很好的预知感，没有笨拙感，非常流畅。尽管并没有像跑车那样快，但良好无间的人车和谐性和一辆上乘的轿车也没什么两样了。不过，可能夏威夷租车公司的牧马人都是低配版，座椅均为织物材质，在路上传入车内的噪音略大，且行使中会出现横向的摇摆，长途驾驶背部会容易劳累。

探险之旅

其实，毛伊岛上除了大名鼎鼎的哈纳之路外，还有条不为人知的秘境，这条路才是毛伊岛最为险峻的行车道路。倘若你极度渴望探险，那穿越这两条狭窄公路则会很对胃口，不过，胆量较小的游客则会对来到这片荒郊野岭后悔不已了。

大多数人沿着哈纳之路开到黑沙滩附近的哈纳公园就往回开了，因为再下去就有一段约为 25 英里的没有柏油的乡村公路——Pi'ilani 公路。2006 年 10 月 15 日，毛伊岛上发生了 6.7 级的地震，Kaupo 路被山上滚下的岩石堵住，持续了两年没有开放，你如果在毛伊岛租车的话，是不允许开这条路的，协议上规定如果在这条路上出事不在保险之内。这条路的险比哈纳之路有过之而无不及，主要是路特别狭窄而且弯处又多，从哈纳小镇往前开，Pi'ilani 公路沿着哈雷卡拉山南麓蜿蜒，沿途多为陡峭的山崖，风景优美。公路的一边就可以看到大海的美景，路的另一边则不时地有成群的牛、马经过。虽然这条路的大多数路段路况良好，但靠近 Kaupo 附近的一段路却非常难行，道路上满是车辙，而牧马人面对这样的路况，则是轻而易举。不过，唯一的痛苦是腰部的酸楚。在石块上颠簸三四个小时之后，我开始觉得座椅变得单薄而虚软，特别是腰部支撑不够，如果坐垫填充再密实一些就好了。

过了 Kaupo 村，就来到了哈雷卡拉山南端的 Kaupo 裂谷，31 英里的路标附近有一段短距离的四驱车道通往 Nu'u 海湾，当地人喜欢到这里垂钓和游泳。由于海浪的侵蚀，海滩上布满了岩石，29 英里路标向前还有一处天然的熔岩海拱，从道路上就可以看到。这条路上比较安静，你会感觉自己是这片土地上仅有的人类，带上食物和饮料，检查汽油的储备情况。

壮美日落

从 Pi'ilani 公路出来，一路盘旋而上，就可以驶入哈雷卡拉国家公园，这是座非常特别的国家公园，来到这里就仿佛登陆月球表面。无论是日出日落，还是烈日当空，每个时段都有每个时段的精彩。

上山的路并不好走，来回需要 3 个小时车程。不过，在抵达哈雷卡拉的过程中，其实也已经享受了一半的乐趣。整个毛伊岛就仿佛画卷一般在我的脚下缓缓展开，山谷间的甘蔗地和菠萝园郁郁葱葱，公路如丝带般在山间缠绕，

有的地方连续出现好几段之字路。沿途路面状况良好，但是地势陡峭，多弯道，随着海拔上升，仿佛凌驾于云层之上，看着山下茫茫的云海，如临仙境一般。

其中，最为壮观的则是在这座 3000 多米的火山顶观看日出和日落了。“哈雷卡拉”本来就有“太阳的房子”的意思，所以，从第一代夏威夷人起，人们就一直坚持到哈雷卡拉朝圣看日出就不足为奇，这是一种近乎神秘的体验，大文豪马克・吐温也称它为自己所见过的最为伟大的景象。当太阳的圆盘出现时最为壮观，在火山口边缘的观景台可以俯瞰哈雷卡拉火山岩表面，片刻间，整个哈雷卡拉火山罩上了火焰般的光芒，你正在看地球醒来。在这样壮观的日出面前，一切的形容词都是苍白的。

火奴鲁鲁

仅仅是“威基基”这个名字就会令人联想到遥远的地平线、夕阳下的太平洋、合着海岛节奏翩翩起舞的草裙舞者。威基基曾是王室的娱乐场所，而“人间天堂夏威夷”这一俗套的比方最早就是形容风情万种的威基基的。岛上的酒吧供应着鸡尾酒和混合水果饮料。然而威基基一直在不断地推陈出新，这里的草裙舞热辣，夏威夷音乐劲爆狂野，任何别的地方都无法与之媲美。

火奴鲁鲁这个国际头号旅游胜地，不再甘心仅仅用海滩来掏空游客的钱包。小到热狗、冰淇淋、比基尼，大到顶级品牌专卖店，世界各地风味美食餐厅……游客所能想到的这里几乎全部囊括。

威基基海滩

摆脱了“二战”的阴影后，威基基这个风光旖旎的热带岛屿度假胜地以及它的花环、夏威夷衬衫和浪漫风情再次令人神往。“猫王”等大牌明星唱歌赞美它并弹奏四弦琴，古铜色皮肤的海滩男孩拖着长长的木制冲浪板走到水里。

但今天的威基基正经历文艺复兴，尽管这里仍然有以萨摩亚火舞蹈为特色的tiki畅饮和俗气的夏威夷式宴会，但这个岛屿已经开始超越大众旅游业，建起了精品酒店，高档的饭店和风格独特的沙龙。

慵懒地躺在沙滩上真的只是最为简单的快乐。当落日隐入海平面，夜晚来临，此时的威基基比白天更像一个娱乐场，更让人眼花缭乱。沙滩上人头攒动，草裙舞跳得无比热烈，海滨酒吧里的现代夏威夷音乐偶像在激情演出。

Tips:

夏威夷有6个主要岛屿：可爱岛、火奴鲁鲁、摩洛凯岛、拉奈岛、茂宜岛和夏威夷大岛。夏威夷大岛面积最大，地貌最为原始；而火奴鲁鲁则是交通最为繁忙的主要城市，也是购物者的天堂；毛伊岛则一直被称为“世界上最美的岛屿”，它被认为世界上最浪漫和神奇的地方之一，它所呈现出来的就是喜悦与活力、舒适温和与灵感的启发、动感刺激又轻松悠闲。

环岛

租敞篷跑车沿海兜一天，绝对是了解火奴鲁鲁的不错选择。一辆克莱斯勒的敞篷跑车一天租金大约 80 美元，虽然 3 小时就可以环岛一圈。可是事实上对于贪恋美景的游人来说，半天的时间也不够。

环岛一周的旅行仿佛时空交错的探险，让游客揭开夏威夷层次丰富的面纱，这才感慨所有的长途劳累都值得。岛上不同方位有迥异的风貌，迎风的东北坡降水丰富，多是热带雨林，背风的西南坡干燥少雨，多是热带草原。东南边的海面温和平静，北部峭壁山谷，海边因为浪大成为全世界冲浪高手云集的天堂，西北部大面积黑色土地养育的菠萝园居然能让人想起西藏高原上一马平川的气势，海水的颜色变幻着不同程度的蓝色，在每个拐角让人不期而遇。

正如旅游书上所说，“如果你在夏威夷开车，可要记住，它有自己的节奏，急不得”。沿海公路的一般限速是 35 英里，最高限速 45 英里，车速在某种程度上也代表着这里的生活节奏。

Tips:

从中国主要飞往夏威夷的航班包括全日空航空、大韩航空等，东航已开通上海直飞夏威夷火奴鲁鲁国际机场的航班。夏威夷各岛屿之间只有飞机接驳，航程都在 1 小时之内。毛伊岛上共有 3 座机场。从夏威夷以外的地方直飞这里的航线较少，主要集中在美国大陆的洛杉矶和拉斯维加斯等，从火奴鲁鲁机场可方便到达这里，往来的飞机非常频繁，主要的运营公司为夏威夷航空（Hawaiian Airlines）和 Go! 航空公司（Go! Airlines）。

购物圣地

夜幕降临后的火奴鲁鲁，当天空渐暗，蓝色的海水没入夜色后，宽敞的购物街灯火辉煌，映照着整整齐齐的高楼，“Fendi”、“Prada”、“Coach”的标志非常醒目，与美国大陆上的大商业城市气息极为一致，这里又摇身变为了“血拼天堂”，而且这里的税率比大多本土州都低，仅4.7%，绝对适合作为整个行程的最后一站。

阿拉莫阿娜中心是座离威基基海滩只有几分钟车程的购物中心，这是世界上规模最大的露天购物中心，也是夏威夷最大的购物和餐饮娱乐场所。每个来夏威夷旅游的人都会到此一游，一边领略美国购物中心的规模，一边浏览赏心悦目的商品。这里除了有290多家独立商铺外，还包括4家大型百货商店——梅西百货店、西尔斯百货店、内曼马克思百货店(Neiman Marcus)和诺茨罗姆百货店(Nordstrom)。

威基基DFS环球免税店并不位于机场，而是位于最为繁华的卡拉卡瓦大街(Kalakaua)，共3层楼，从地道的夏威夷特产、手工艺品，到各大时装设计师店面，可谓应有尽有。而且有说各种国家语言的员工，顾客所购买的贵重商品，都会由DFS统一送货到离港航班的登机口。

不过，夏威夷也有很多非常本土而特别的商店，比如位于Kapahulu大道762号的“Na Lima Mili Hulu No'eau”，这家店还延续着祖辈留下来的手艺，他们在一家简陋的店里做羽毛花环，店名的意思就是“灵巧的双手触摸着羽毛”。他们以前还出版过一本《羽毛花环是一门艺术》的书，令夏威夷花环制作这种高雅艺术再次复兴。而在位于威基基海滩边的万豪酒店中，有家名为“Bob's Ukulele”的小店，这里售卖的四弦琴虽然相对那些“地摊货”来说，价格有些昂贵些，但这里的专业人士会给你看真正用当地木头手工制作的夏威夷四弦琴，包括Kamaka Hawaii的制作。

同时，威基基海滩无处不在的ABC百货店绝对是非常方便的购物场所，可以买沙滩垫、防晒霜、零食和各式各样的东西，甚至印有“我在夏威夷带着花环”的T恤等。

Tips:

在夏威夷自由行，自驾出游肯定是不二之选，作为大型国际连锁品牌，赫兹(Hertz)可以在国内完成订车付款等手续，免去语言或文化差异、境外刷卡高昂手续费等一系列麻烦。赫兹可以直接从官方网站上选择车型和取还车地点，提前进行预订。官方网站提供中文界面服务，定期发布相应的促销信息。连锁店最多，可以申请成为会员，适合经常自驾游的游客，网址www.hertz.com，租车热线400-888-1336。

下榻：

雅诗顿威基基海滩酒店

（Aston Waikiki Beach Hotel）

网址：www.astonhotels.com

地址：2570 Kalakaua Avenue Honolulu, HI 96815

电话：+18779976667

价格：175 美金 / 晚起

这家酒店的外形非常独特，是威基基海滩的主要标志性建筑之一。其地理位置非常优越，位于威基基海滩的精华地段卡拉卡瓦大道，海滩就在马路对面的咫尺之间。整家酒店氛围轻松，并没有高端奢华的氛围，而是洋溢着夏威夷特有的友善。进门后，用冲浪板拼接而成的装置上呈现着酒店的名字 Aston Waikiki Beach，而跳跃色彩的等待区域令人很容易就进入到夏威夷的语境中。酒店大部分房间都可以欣赏到全部海景，少数房间还有阳台，能让人随时放松心情，欣赏美丽的威基基海滩美景，或侧耳倾听沙滩上乐队的现场唱奏。酒店房间的用色非常大胆，很多房间都使用红色大印染图案床品，这是种典型的夏威夷特色画布，再搭配上竹制的配件，令整个空间都秉承着舒适便利的原则，配备大尺寸的平板电视和迷你冰箱，酒店亦设有旅游咨询台，每天早晨都提供免费报纸，整个酒店禁烟。值得一提的是，这家酒店的早餐非常特别，每间客房内都会有个色彩鲜艳的保温便当包，早晨，你可以拿着这个便当保温包去大堂所在那层的屋顶游泳池旁的露天餐厅用早餐。当然，也可以用便当包将早餐带回房间享用。早餐时段，泳池旁一直有夏威夷当地人的歌舞音乐表演。

雅诗顿毛伊岛卡纳帕利别墅度假村

（Aston Maui Kaanapali Villas）

网址：www.astonhotels.com

地址：45 Kai Ala Drive Lahaina, HI 96761

电话：+18779976667

价格：149美金/晚起

卡纳帕利海滩是毛伊岛西部最为生机勃勃的海滩，这里金沙铺岸，矗立着一栋栋假日酒店。海滩上尽是涂满防晒霜的悠闲游客，因此别名是“掘我海滩”（Dig Me Beach）。海面上游客有的冲浪，有的玩滑伞，海岸边还有很多帆船。卡纳帕利度假村群也是毛伊岛西部第一家也是最重要的一家度假村，其闪光的沙滩绵延3英里。度假村里设施齐全，有十几家临海而建的酒店和公寓大楼，两个18洞的高尔夫球场，还有一系列的水上活动。

如果你想享受热情的招待，雅诗顿毛伊岛卡纳帕利别墅度假村则正为合适。这里历史悠久，虽然并不像周围其他酒店那样奢华，但是这里经常会举行草裙舞表演，热情的夏威夷服务员会让你有宾至如归的感觉。以家庭为中心的活动包括花环制作、四弦琴弹唱，精彩纷呈。酒店也毗邻一处非常适宜游泳和浮潜的沙滩。这里最为特别的就是，所有的公寓和套房都设有全功能厨房，让人可以随心储备心爱的食品，准备餐点和零食，就像家里一样。

威基基海滩凯悦酒店

（Hyatt Regency Waikiki Beach Resort & Spa）

网址：waikiki.hyatt.com

地址：2424 Kalakaua Avenue Honolulu, Hawaii, USA, 96815-3289

电话：+18089231234

价格：169美金/晚起

这家酒店建于1976年，位于火奴鲁鲁市中心，离威基基海滩仅一个街区，交通非常方便，可到达珍珠港、钻石山、伊奥拉尼皇宫等著名景点。

酒店由2幢八角形40层楼的塔状建筑构成，连接双塔之间，则是聚集了70多家左右商店的购物中心，至于中庭则有挑高瀑布流泻而下的造景，夜间甚至会变换颜色，发出炫丽的光芒。客房宽敞舒适，设施齐全。每间房都摆放着独特的艺术印刷品，独立的私人阳台可以欣赏火奴鲁鲁迷人的景色。酒店的5间餐厅分别提供日本菜、意大利菜、美国菜和夏威夷当地菜肴，环境舒适，同时还能遥望威基基海滩的美丽风景。娱乐设施包括室外游泳池、桑拿、高尔夫、SPA等设备。知名的Na Hoola SPA，结合了文化和抚慰心灵的体验。其中最特色的便是夏威夷传统Lomi Lomi疗程，而饭店中的Na Ho'ola SPA美容中心，占地10000平方英尺，拥有19个疗程室、三温暖、静坐室、健身房和按摩室等，并标榜以夏威夷文化为基础来研发的疗程，例如知名的热石疗法(Stone Treatments)，不可错过。而房间内的墙壁则精心运用透明玻璃的精致设计，让你可以一边欣赏宁静海洋风情，同时享受身、心、灵融合的舒畅快感。

客房主体建筑区分为两栋，分别为西边的“Ewa”和东边的“Diamond Head”，而房间内的景观则区分为3种，Deluxe Ocean View、Diamond Head View和City View，不论你住在哪一种角度的客房，都能够用不同的角度来欣赏威基基的美景。END

平民时尚来袭

撰　文 | 雷加倍
对谈时间 | 2013年7月9日
资料提供 | 雷

雷 我们做完南京的外婆家以后，开业那一天，一个朋友陪业主在那里吃饭，他给我打了个电话说“你们给大家开了一个非常好的头，业主看了以后也接受了，其实餐厅怎样形式都可以，可以像酒吧，可以像夜场，可以呈现很多类型。”我们现在做的很多设计案例都是这种类型的，非常多的人来找我们做设计，就是冲着我们有非常多的变化形式、非常快捷的表现、夺人眼球的效果。随着现在的趋势，这一类东西会越来越多。打击三公消费的新政出来后，很多平民时尚的东西都往外跳，H&M、ZARA一类牌子最为风靡，包括很多大牌，都亲民了，都做着很便宜的价格。

我想，假如我们做的“外婆家”是单一模式，就很容易被模仿和超越，但假如我们真把它变成服装一样，设计周期变得越来越短，就像做一个建筑，有可能在2~3个月内，设计也做完了，虽然从做一个永恒作品来讲，可能不是一个好方向，但从一个让中国的普遍设计水准上升的方向来讲，可能是有益的。

倍 我注意到你最近一直在讲在写平民时尚，那你怎么界定平民时尚？比如淘宝上那些ZARA、H&M、Topshop，很平民时尚，一个重要特点就是便宜。

雷 其实追根中国的近三代，基本没有贵族，我们这代人，40岁左右的设计师里基本没有富二代，基本都靠自己的努力。很多人去做相对奢华，或想追求永恒的设计，我觉得这不是我们这代人可以做的……

倍 恩，你对“平民时尚”的界定是不永恒，很流行，还是比较便宜，被大众所接受？

雷 我用波普概念，来界定所谓的平民时尚。

倍 波普就是大众文化嘛。

雷 这是从维基百科上查来的，汉密尔顿为“波普”下的定义，即：“流行的（面向大众而设计的），转瞬即逝的（短期方案），可随意消耗的（易忘的），廉价的，批量生产的，年轻人的（以青年为目标），诙谐风趣的，性感的，恶搞的，魅惑人的，以及大商业”，我觉得这就完全界定了平民时尚的定义，他说得非常好。有可能中国的目前状况，就是要一个快速提升的，可解决问题的方式。

倍 廉价，比如服装的廉价，比如一件大牌设计的衣服卖2000块钱，ZARA差不多款式可以卖200块，H&M可能卖100块，因为便宜，所以用料一定差，利润当然要比高级定制薄，这种廉价就意味着工本和时间很少。那做平民时尚的室内设计，工本和时间是不是就是很少？

雷 我觉得不是工本和时间很少，而是周期很短。现在我们碰到的案子，设计周期一般已经大大压缩，这其实就节约了设计公司的成本。

倍 不，我说的成本，因为流行时间很短，那就把施工时间压缩到一定值，那是不是一定不会精致？刚才你说的波普那些特点，恶搞、性感、廉价、面向大众、快速、周期非常短、便于复制，这些特性比如周期短，都就一定导致平民时尚的设计是材料和造价低廉的？

雷 不一定。

倍 对，所以我就觉得平民时尚的室内设计跟服装其实还不太一样，服装一定是便宜的料。

雷 对，我觉得这种快时尚的东西，能更大地发挥设计的价值，有时候不一定重材料，有时候是求设计、求新、求变化，

倍 那是否意味着施工工艺不太好和投入比较少？

雷 也不一定。其实那些词不重要，重要的是，这些对波普或平民时尚的定义，给中国设计师留下了广阔的想象和操作空间——关键词“大众的”、“年轻化”、“诙谐的”、“魅惑的”、“大商业的”，是精炼的甲乙方共同愿景，浅显不一定浮躁，深刻不一定永恒，此时、此地、此景做合适的演绎、解释、更新，寄生、变异，是我们开始尝试的，占据了建筑的内核，由内而外的、内应外合的发酵，做中国特色的波普、通俗、流行。而那些短命的，可能是很多人都不要的。

倍 换句话说，比如H&M和ZARA商铺装修可能也挺贵的。所以我觉得室内设计的平民时尚，更多是去帮助那些赚平民消费的钱的人卖东西。我不是说“平民时尚”这个词不对，而是想探讨室内设计的“平民时尚”有何特殊之处？因为我觉得你定义和设计的“平民时尚”，是平民时尚的风格或姿态，而非平民时尚文化本身，因为你收的设计费是最高的，还怎么谈平民时尚？

雷 我最近幻想在非常高级，类似国金中心这样的mall里，做一个非常本质的排档，很破烂，但不一定造价很低，唤起人家对以前那些排档的回忆。

倍 我觉得其实你是把设计作为创造或提升附加值的方式，你收最贵的设计费，去给那些赚平民消费的钱的人，设计大众们愿意梦想的一个空间，或更适合他们的调子，更激发他们的欲望。

雷 这倒也不是，现在很多比如餐饮，其实高档餐饮是没有生意的，很多都在改成平民化的餐饮。

倍 对，这又是一个有趣的点，那你觉得高档餐厅和平民时尚餐厅的区别是什么？我觉得这跟衣服、画画不太一样，比如画画领域的平民时尚，大芬村，几百块钱一张还不错的；真正有名的画家，肯定要花很长时间，他自己的身价，也要经过画廊等流转体系，去面向购买者，这完全不一样。衣服也一样。但你收的是最高的设

外婆家1

外婆家2

计费，业主的装修投入也不见得比别人低，但做出来的产品,你会把它们界定为“高档”和“平民时尚”。

雷 昨天晚上我做梦，梦到蒋兆和，我觉得更多的平民时尚的东西，应该是表达人性、人文关怀的。

倍 高档餐厅不表达人性吗?

雷 当然，哪有人性啊……

倍 那假如现在再让你做一个人均消费250元的高档餐厅……

雷 我觉得那是我做不到的，因为我的设计方式，我是一个非常用感觉做事的人，我觉得我只能做短平快的事情，我已经受不了做那些要经历漫长磨折的事，比如现在如果真的把一个五星级酒店交在我手里，我还真不愿意去做，对付那些管理公司还有各个团队，我真的会崩溃，我适合做那些别人听我的设计，就像我情愿到边上吃碗面，也不愿意去吃一个规矩的大餐。

倍 那也可以翻译成高档餐厅，无论灯光、饰面、界面，包括人，都更加有规矩一点。

雷 不是。我更加敏感快捷，我可以从我接触到的任何事物，比如今天看到的一个电影，或明天看到的一张照片，吸取灵感，把它们变成一个空间形式,这对我来讲非常简单,非常有效果。

倍 那是不是可以翻译成，平民时尚更讲究大效果，而不讲究那些，比如LV包，还向你展现它怎么缝的，Prada还向你展现它的工艺。

雷 也不是。就像1960年代的波普，那批画家，就像密斯之前做的那些建筑，也是对之前时代的告别。我觉得设计师的分类很多，有些人会非常沉迷于那些超五星酒店，有的人会很沉心研究某种文化的呈现，但那些都不是我要做的。

倍 我觉得其实是这样的，大多数外婆家是“平民”餐厅，因为价格决定了如此，设计是给平民的一种附加值的幻想，就像你永远不会穿H&M和ZARA，永远不会穿平民时尚的便宜衣服，除非有一件ZARA做得实在太不ZARA,太特别了，你可能会试试它；就像Kate Moss、Topshop的某个系列可以去找Chanel的设计师，偶尔来搞一把，用做很好衣服的设计和经验去玩一把，但反之不成立。

所以我觉得你做外婆家和如果让你去做Century 100会是一样的，手法上差不多。只是雕琢上，Century 100那里可能会有更多人折磨你；你做外婆家更加放松、更加愉快，但我觉得你实际上是在帮别人，你是在用时尚的方式帮别人，卖平民的东西。

雷 这句话倒是有道理。

倍 你的设计一点都不平民。什么叫真正的平民，兰州拉面的装修设计才叫真的平民，你做的外婆家这些东西，这个桌子要定做，那个灯具要定做，一点都不平民。你用时尚的东西，用看起来高档的东西，去帮别人去卖平价的东西，看起来高档，并不是用材真的很高档，而是设计手法很高档。

比如五星级酒店可能需要两年的设计周期，你现在只有两个月去做这些外婆家，但你可能做得更好，在空间构成上做得更好，只是没有也不需要那么多时间去配合其功能和管理的复杂性。

雷 我觉得我们在这个大话题下偷换了好多概念，你在说服我的时候，也在偷换概念。

倍 我没有在说服，我是想厘清,你在研究的“平民时尚”的内涵和外延是什么，你得告诉别人，这是室内设计的“平民时尚”，但这个“平民”是指什么，“时尚”是什么，平民和时尚是什么关系。我觉得一般意义上说的那些廉价啊，面向大众啊……，都对，但可能对画作、衣服更有限制力，但对室内设计，说平民、廉价，不如说日常化。

平民时尚是一种什么样的文化定义?室内设计的平民时尚是什么样的?具有中国特色的平民时尚是什么样的?我觉得是不一样的，就像那时我们去吃意大利菜，环境看起来真的很平民时尚，但价钱好贵，中国人也不太会去吃；鼎泰丰也一样；而外婆家是卖的东西很便宜，很实惠，但设计的感觉很时髦，不亚于单人单次消费150的餐厅，这又是另外一种平民。现在是中国特色，说起来什么都多元化，但还有一点，大家都很满足于看起来像，但很多人真的连看起来像都做不到。

雷 我觉得我们需要去定义的是符合当下中国社会这些状况的平民时尚，我们积累了大量的经验，更了解市场和现实，我们在做的事是特别贴近中国目前的社会生活状况，就像有人问我“为什么外婆家的桌子越来越小”，在中国年纪大的有地位的人都喜欢坐封闭的包厢，而主体客群年轻人无所谓，灯光暗一点就好了。

倍 你做的“外婆家”这种餐厅，提倡的“平民时尚”，从我的观察，很多手法都非常相近，成系统，比如墙面的彩绘、大的招贴式壁画、暗暗的灯光、几何纹样，这些是不是变成了你们比较擅长的东西?

chowant restaurant（西旺港式茶餐厅）

三百瑞冻酸奶店

雷 我觉得这些东西可能跟流行有关，也可能跟设计师本身的喜好有关，也可能跟业主的喜好有关，更重要的是，它们是很快完成并出效果的。

倍 像外婆家的受众很广,我看到很多一家人，老先生老太太在这里吃饭的也特别多，那你做得这么年轻化，会不会有抗性?

雷 这跟他们的定位有关系。

倍 我们说平民时尚，具有中国特色的平民时尚，实际上是排除老年人的，目前大多数老年人都是平民，没有受时尚影响，所以在某种程度上是不是可以说，“外婆家”用价钱来吸引55岁以上的人，用风格来吸引更年轻的人?

雷 我觉得店门是开着的，有时候真没有办法去定位来的人，也没办法去定位设计风格，其实我们到现在为止，定了好多种设计风格，接受度都还好。

倍 你觉得现在真能明白平民时尚的业主到底有多少?我觉得其实很少。

雷 我的一个设计师朋友说了一句非常好的话，他说业主去杭州看餐饮，根本不是去看装修，也不是看菜，他们是眼馋门口排队的人啊，他说得很准确。

倍 很多人看不懂，也接受不了，但因为希望带来生意上的成功而选择这种风格，那么一些设计师向你学习会不会带来一种消化不良的东西。

雷 有可能。为什么我说要有平民时尚？出现越多越好，就会呈现一个很丰富的局面，而这种丰富的局面，会导致中国的设计，会有非常多改观，有人在潜心研究这些东西，把这些东西做得越来越到位。国外那些刚出来的设计师，哪怕是建筑师，刚出来做小案子的时候，也是这样开始的啊，慢慢做大，包括赫尔佐格 & 梅德隆在第一个大案子泰特现代美术馆之前也是做很小的案子。所以，我倒是也没什么奢望，我们可以有更多空间去做各种各样的实验，找到一个自己的语言，渐渐跳脱开“真正去抄一样东西”。

倍 我特别不喜欢在某种场合里，设计超越了你的体验。比如很多人看到你做的东西，回去以后就在墙上所有地方都画画，把灯光做得特别暗，他以为就达到了，他可能不明白，穿着这条线的是空间的结构，这就是你经常说的“度”、分寸感的问题。如果没有，你就会发现，他的场所里只有一种强烈的设计情绪，没有体验效果。

所以我觉得平民时尚这个东西虽然快速，虽然面向大众，但对设计而言，是一点都不平民的，你如果做 Century 100 和做外婆家，会是一模一样的设计功力和设计付出，但你做外婆家这种平民时尚缺的可能是更多的团队、更多的时间，跟你一起来打磨。

雷 并且我觉得很多风格这个东西，假如到了一定水准，都一样，比如米罗可以跟安迪·沃霍尔放在一起，安迪·沃霍尔可以跟毕加索放在一起，毕加索可以跟米开朗基罗放在一起。

倍 设计没有贵贱。谈平民时尚，我觉得离不开时代。以前的时代是，农夫，没有马车，穿的衣服破旧，每天都很节省，所有东西都是配套的。但今天的时代真的很分裂，餐厅卖的价钱是平民的菜价，但用的设计是全国最好最贵的，其实这是一种分裂，但这种分裂从另外一个角度来说，是大众文化和消费文化之间矛盾的勾兑……

附：

以下节选自雷的近期微信之平民时尚系列

1 所谓快时尚：“以快、狠、准为主要特征的快时尚迅速兴起，带动全球的时尚潮流。快时尚服饰始终追随追季潮流，新品到店的速度奇快，橱窗陈列的变换频率更是一周两次。速度快、超高频率的更新的快时尚，永远追随潮流的特点，让追求时髦的人趋之若鹜。”记得 10 年前读设计史，服装设计以季来论，产品设计以半年来论，室内设计以年来论，建筑设计以 2~5 年来论，服装设计中的“快时尚”正在降温，而室内设计的“平价时尚”热得厉害，如杭州外面 40° 的气温，最近以周来论地做室内设计，各种类型、十八般武艺，渐渐到了“乱花渐欲迷人眼”的状态。最近几乎天天麻辣“炉鱼”美味的红色，身在杭州有川渝的味蕾，做不了奢靡的、高深的、可传承的东西，抓住青春的尾巴，如老摇滚乐手般的“平价时尚”一回，把设计刷成桃红色。

2 中国社会无贵族，追我们三代不是来自市井就是来自乡土，1949 年，贵族们不是背景离乡就是被改造成了无产阶级，所以中国的设计是根植于平民的设计。如今，北上广等地有很多洋人、半洋人的空间设计，很好很洋气，但总少了些落地繁衍的勇气。而我们这代出生于红旗下、受过专业设计教育、看过外面世界的设计人或许更服水土些，常常自比设计项目与外国人的差距，以“平民时尚”或“乡土时尚”或“中国时尚”的方式，可能我们更有机会，因为那些是融在我们血液里的，“洋为中用，古为今用”。时尚是杯隔夜茶，搞得好会生出红茶菌，搞不好会闹肚子，以设计自己的方式设计空间，可郭敬明、可赵薇、可周星星、可徐静蕾。“写”“演”而优则导，但千万不要妄想票房，如果业主想只靠室内设计师博“排队”，此活接不得，因为那是设计师不能承受之轻。师兄沿青语“设计师是需要被宠爱的”，松弛了才有好设计。

3 时尚的十八般武艺，其实就是一种功夫——形式与功能的再思考。做餐饮空间之前，业内大佬谆谆教诲或危言耸听“餐厅不是容易玩的”，我又战战兢兢，W（业主）与我说“开心玩吧，功能方面我会与你说的，我只想设计辆概念车，怎么开开多快？你不用管。”我们也就在如此无知者无畏下上了路，那是在 2008 年，是在我们做了大量旧建筑改造、办公空间、房产项目之后。回想平民时尚，设计师的形式应储存于大脑之中，提倡“合上书本做设计”，平面与立面的排列组合有千百种，再加上表皮、肌理、风格、灯光、偶然，自有万千变化，以不变应万变、万变不离其宗，读千卷书，行万里路，用心感受，激情表达。今公司小朋友说一工地施工图纸已被无名氏借走不还三回，窃图不为偷，好学之士要鼓励。何可不破？唯快不破；何快不破？唯变不破，无轨迹可寻就是平民的背景，时髦的又感觉尚可的都是他山之石，玉的价格太高只可仰望，攻下来与石头混在一处就省去贪婪之烦恼。

4 平民不是借口，时尚不是噱头。所以室内设计如快销品是可以肤浅表现的，听觉、视觉、嗅觉、味觉所感受到的设计原点都可以拿来主义，与自己的理解领悟有关。谈谈昨夜到今晨的触点。时尚碎片 A:《半支烟》适合港式茶餐厅，平面阵列工整、灯光无秩序、形色人等在大片廉价吊扇下摇曳，是种破落殖民地留下的残景。时尚碎片 B：海涛兄图片下的圣托里尼，白房碧海如何处理得不同，情是那个情，景非那个境，或局部放大，层高足够或可玩些堆叠，这样主题跳脱原形的设计定是有趣的，雾里看花、水中望月、雨中西湖、室外 40° 室内 20°，距离产生不能触及的美。时尚碎片 C：晨整理行装，想起 3 年前，有一客户来找我们设计服装卖手小店，全国要开 100 家，要求店店不同、家家时尚，如何应对？脑中忽然出现市井中的小

圣托里尼 © 海涛

半支烟剧照

铺——铁匠、木匠、篾匠……三百六十行，行行行为模式不一样，百业百貌，植入形式，保留业态，穿上衣裳，更新平民时尚。

5 曼德拉死了、埃及在闹事、天下在军演、飞机在晚点、酷热在继续，然而老百姓每天还在生活着，记得小时候看那些“故事片”里兵荒马乱、流离失所，是何等可怕的事。民以食为天，如果不是碰到 1942 那样的荒年，平民还是要有滋味地生活下去的，各地有各地的优美方式，从南至北，此时中山的林宇兄一定会买回新鲜的海货白灼下酒、江南的沈老师也会在合适的节气准备合适的食物……好久没吃有薄荷叶糯米饭的绿豆汤了，重庆的辣蛙、镇三关，排队美食沱沱火锅八月一定要尝的，中原的牛肚米线，哈尔滨的雪地红肠、酸菜乱炖，近期做餐厅多了，一直在回味自己的“馋”如何与敏感的空间连接，发展方向不是迂腐的美食家，不是功利的画图匠，是一种自己享受着，然后优雅的传达，可安静整洁、可混乱喧闹，各地风物在出差间体察。

6 武汉匆匆一聚、大水淹了半城，观彬兄近作，感触分享：后象空间藏于市井，地下车库普通、公共大堂无名氏翻版的 KPF 风格普通，见过彬与华芬微信图片，想象诗人空间的模样，自认不会惊讶，但进入真实场景忽有清雅荷香，润我心房。平面，规矩中自有方圆，各种风格旧物在合适的灯光中随意置放，适度的刻意，与时尚保持距离但不造作过力。后象设计的风格类型——话说三分、低头，欲走还羞，其意力透。平民诗意终究是可以拉入“平民一派”的，五星级酒店可以亲民？五星级的办公可以亲民？合适的概念定是有生命力的，百业百态，我等善变。

7 昨夜本以为听了林子祥的劲歌会做个香软的梦，结果发现自己还是个正经人，蒋兆和先生的《流民图》入梦来，记得小时临摹过几次，又想到儿时旷野，中国 40 岁左右的设计师是如流民的，20 岁时，我们既无上天的悲天悯人又开始受到商业经济的诱惑，队伍中有学美术的、学建筑的、学平面的、教书的、搞工程的等等，为了一个共同目标进入了室内设计，而渐渐，有些成了有话语权的学院派，有人成了买办式的洋务派，有人坚守着自己的阵地，有人远离了江湖，然而怎样如蒋先生的绘画那样将“传统水墨技巧与西方造型手段于一体，在写实与写意之间架构全新的笔墨技法，由此极大地丰富了中国水墨人物画的表现力，使中国的水墨人物画由文人士大夫审美情趣的迹化转换为表现人生、人性，表达人文关怀，呼唤仁爱精神的载体”？设计本就不是高深精密的科学，难有定性定量的分析，如果把我们的定位与着眼放在“表达人性与人文关怀”，或许平民时尚可以让自己快乐，让使用者享受着。

流民图

8 昨天好友问“平民时尚与快销时尚的区别”、“你们与季裕棠做的有什么不一样”“如何收高的设计费做平民的设计”，谢谢老友的提醒，是在同个阵营的思考。可能室内设计有更多的不确定性，我们在操作层面侧重考虑一些非传统的设计体验，不单纯只是场地、功能分析、形式的多样性；更多意义上，是试图站在惯性思考的对立面，如米开朗基罗走到了毕加索，巴洛克走到了包豪斯，中国幅员辽阔，多年龄层设计师的堆叠，有时已经让人无法呼吸，而后来者如果仍旧寄生而不是跳脱开教科书上的模式，对于我们这些奋战在一线的设计师来说是悲哀的。新生代更多认识到自己的价值，业主更多认识到设计的附加值，志同道合者更多关注自己的内心去另辟蹊径，词条有时只是“口号”或事后的臆想，夏季漫长、暑热难挡，于室内的仍旧要离开 20° 的空调房去如蒸笼的地方，有时只为了理想，如高棉的神秘微笑，看看怎样？

9 记得 20 年前开始浪迹设计江湖，年少但不轻狂，认真做人认真做事，恨不得华发早上，但受的还是甲方挑剔的眼光。无奈、谦卑沉入水底，磨砺自己，等待时光，离开建筑设计院远走西洋，当皱纹开始爬上，包浆润入胸膛，40 多岁的男人可以做些应该的事，有些自己的主张。设计师的秘诀今夜传上：“把自己的眼光藏入别人的眼光”，设计餐厅不是设计师在设计，化身就餐者，流线、灯光、前场、后场，揣测时尚男女喜爱的模样；设计办公空间不是设计师在设计，化身使用者，是否有比家更舒服、可久待的地方；设计甜品店不是设计师在设计，化身十六七岁的姑娘……上了身移了魂，关注那些设计之外的眼角余光，可能情商派得上用场，或许这样，发自内心的情绪可以让世界变得丰富多样。

10“魔鬼在细节”、“细节决定成败”等等是工匠时代对手工的要求，求完美当然没错，而处处精工、处处钟表构造在如今大工业时代是不切实际的，除非模块化、千篇一面，设计如此、施工如此，设计方案力求尽善尽美，施工时总会有缺憾，粗野的清水，昌迪加尔的细节？或许柯布西耶活到当今也会艳羡德国人日本人的工艺。换一个视角，找一个心态，华灯初上，隐藏掉那些阳光下的焊点，低技也是种活法，酷热下，工地工人忙碌着让人不忍下口，继续，我去久违的菜场逛一下，找一些自然的共鸣，未经雕凿的形体，果腹。或许时尚之前加上“平民”，就是可以“低技”的理由。END

细节

巴黎设计周9月开锣

伦敦、东京和米兰等国际大都市纷纷举办设计周之后，花都巴黎也于2011年9月开始了第一届的设计周。今年设计周将于2013年9月9日至15日举行，在7天时间内，巴黎的几个不同的区域将同时举行100多个设计活动。巴黎家居装饰博览会则是其中最为主要的一部分，该展会一年两季，秋季展会将于2013年9月6日至10日在位于巴黎北部维勒班特展览中心再度开展。

撰　文｜可畅
资料提供｜MAISON&OBJET

激发灵感的能量

与往届的展览一样，今年秋季的巴黎家居装饰博览会仍然以发布最新潮流和发现新的创作灵感为已任，一直履行着家居装饰领导者的责任，通过分类选择的方法汇集家居时尚创意。该展会除了作为交易展会外，来自世界各地的设计人士也都在这里寻求新的灵感。在这里，每一季新的流行趋势都得到了破解。今年秋季展会的主题是“能量”，三个灵感趋势还是分别由设计师 Elizabeth Leriche, Nelly Rodi 工作室的 Vincent Grégoire 和 Croisements 工作室的 François Bernard 为大家实景呈现。

策展人认为：“每当提到设计，似乎与能源节约相去甚远。然而事实正好相反，为了使更多的人有美好体验，我们鼓励消费。为了应对渴求变化的热潮以及巨大压力下勃发的欲望，引擎需要高速运转，正面的波段和乐天主义思想激励着世界往美好的方向发展。这个变化对我们是有益的，它能够解放想象力，给我们的审美赋予始料未及的活力，活跃另类的思潮。”

另外，2013年年度设计师 Odile Decq 的作品回顾展，2013年室内设计展年度设计师 Joseph Dirand，Philippe Boisselier 和 Jean-Philippe Nuel 的作品展，能让人更加感受到这些才华横溢的设计师的创作才能。

来自日本的 Motoko Ishii 和 Akari Lisa 将会通过灯光元素呈现一场特殊的装置展，展览将使参观者折服于灯光呈现的绚烂；在 matériO 材料实验室展览区域，参观者可以了解到最新研发出来的材料。

此外，商务贵宾会所（Business Lounge）组织多个研讨会，通过零售空间（Espace Retail）展示前卫的分销模式，由法国艺术工坊组织的趋势发布会，将展示法国本土最优秀的手工艺者的作品，将令参观者惊叹。

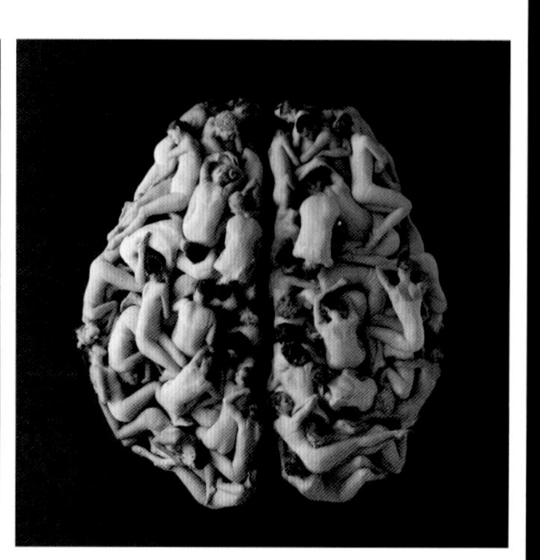

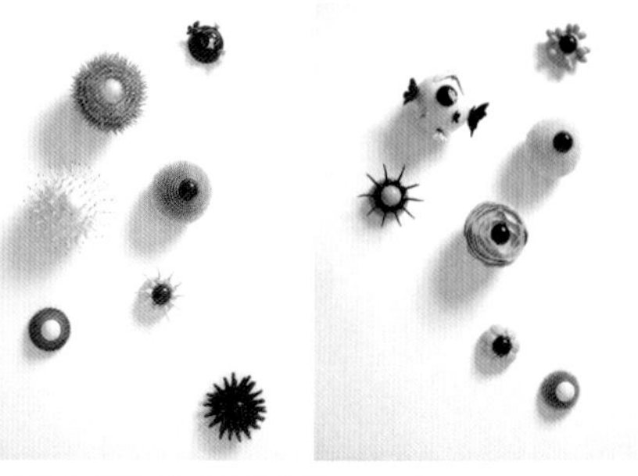

艳遇小巴黎

巴黎设计周的展品涵盖设计中所有的领域，是家居装饰、创业与设计、流行与趋势、设计新人和新的概念世界的一个真正参考。其活动遍布巴黎各个街区，例如在香榭丽舍大街区，就有雪铁龙汽车公司、咖啡馆、餐馆、酒店、家具店和室内装饰等商家参与。只要拿着设计周专门设计的小册子，你就可以按照小地图的指示去每一家小店踩点，会欣赏到当季充满新创意的设计，在流连忘返时，又期待下一个点会给你怎样的惊喜。

主办方还推荐了不同的主题路线，观众可根据自己的兴趣来选择："艺术与设计"线路旨在探寻设计画廊、博物馆或巴黎的建筑、古迹，同时领略更具未来感的当代艺术家作品；"设计与建筑"将展示巴黎建筑的活力，完美结合设计和建筑的方法，如建筑师和设计师对多样化的建筑所采用材料的不同手法以及传统工艺与创新科技材料的运用等；"最新设计"版块则探寻了当代设计中最有代表性品牌的新品；"设计在法国"将展示所有法国的手工艺、设计的发展和分类，通过工业结构的转变和技术的革新，融合了法国传统习俗；"巴黎设计周之 Doolittle"以儿童设计为主题，展示内容包括玩具，甚至是儿童周围家具的理念设计，旨在唤醒儿童的创造力，提供适合他们的物品和环境，巴黎设计周还推荐了围绕儿童的一系列最具创意的场所；通过对菜肴加以设计升华并丰富用餐的方式，在今日尤为重要，"事物与设计"线图则在于通过视觉和味觉刷新人们对食物的认识，在好的室内设计以及餐桌艺术等渲染下，美食会是一场感官和美观的双重体验；城市中心的高密度和郊区的扩大使移动成为了城市和环境的核心问题，"移动和运动"版块则以被重新定义的交通工具作为主题。

据了解，亚洲家居展（MAISON&OBJET ASIA）将于 2014 年 3 月登陆新加坡，以期提升设计在世界其他区域的影响力。END

银海邮轮开启全新南美洲旅程

撰 文 | 开开

世界上确实有很多邮轮都很豪华，甚至可用奢华来形容，但这些邮轮大多不是从国内始发，而是从加勒比地区始发，或者是欧洲，甚至还有南美的。如果你这辈子一定要坐一次奢华邮轮的话，那么银海邮轮（Silversea）肯定是首选。

银海邮轮素来被公认为豪华邮轮界的创新者，它提供大多数带有私人阳台以及露天餐台的全海景套房给客人选择。由于载客少，客人人均占有的空间相当大。套房房间从 23m² 至 120m² 不等，要知道，一般的邮轮客房才 10m² 左右。里面配套有大理石浴室、单独的冲浴间、福莱特亚麻制品和产自保加利亚的沐浴用品，柚木地板的大阳台占据了套房 3/4 的面积。除了可以在船上尝遍美食外，有兴趣的游客还可以参加由船上大厨举办的烹饪课和品酒课。想运动的话，也可以打高尔夫球、钓鱼或者打排球。船上工作人员对客人实施一对一的贴心服务，这恐怕连五星级的酒店都很难做到。

与船上设施相比，银海邮轮更独一无二的就是它的行程。2013年9月，银海邮轮旗下的"豪华远征邮轮 Silver Galapagos"将推出一系列全新数天的陆上行程，令其在加拉帕戈斯群岛邮轮旅程更为精采，设有 50 间海景套房（大部分附设私人阳台），旅程中呈献佳肴美馔及个性化管家服务。

银海邮轮的宾客不但有机会以奢华的 Silver Galapagos 为基地，探索闻名遐迩的加拉帕戈斯群岛自然奇观，现在更可透过参与非凡的南美洲行程升华远征邮轮体验。银海邮轮欧洲及亚太区总裁 Steve Odell 表示："由于加拉帕戈斯群岛乃举世无双的目的地，也是很多人心目中必访的地点之一，因此我们希望确保航程前后的陆上观光计划能令体验更为丰富。这些陆上行程全经精心策划，展现安第斯山脉和亚马逊令人叹为观止的风光和引人入胜的文化，同时献上银海邮轮固有的星级舒适和风格。"

探索亚马逊——在此前往秘鲁亚马逊河流域的独特旅程上，旅客有机会遇上侏儒狨猴、吼猴、色彩斑斓的巨嘴鸟及其他栖身于低地森林的奇特野生动物。参与者将登上全套房式豪华邮轮 m/v Aqua 游览亚马逊河，并在河上品尝堪称最出色的亚马逊秘鲁佳肴。专业的博物学家将与旅客分享关于亚马逊既奇妙又脆弱的生态系统之知识。此 6 晚航程后活动将由利马出发，定价由每位 6 659 美元起。

普诺（Puno）、的的喀喀湖（Lake Titicaca）——雄伟的安第斯山脉及世上最高可航行湖泊的的喀喀湖为这趟从利马出发的航程前探险之旅所在地。焦点包括造访斯如斯坦尼（Sillustani）古墓；乘船前往乌罗什人（Uros）的漂浮芦苇岛，发掘其具有数百年历史的生活方式；以及参观塔吉利岛（Taquile Island），欣赏古老的编织传统。此 4 晚航程前活动定价由每位 3 699 美元起。

马丘比丘探秘——被称作印加帝国"失落之城"、背负辉煌历史的马丘比丘位于秘鲁安第斯山脉高地，置身陡峭山峰和滚滚云雾之中。除了探索此壮观的人类成就遗址外，旅客在乘坐秘鲁 Vistadome 列车往返的过程中，将可欣赏沿途秀丽风光。此三或四晚旅程的起点为利马，可选择于航程前后出发，定价由每位 3 599 美元起。

马丘比丘伟大探秘——此三或四晚旅程与"马丘比丘探秘"相近，分别之处为改乘全球十大经典铁路旅程之一的 Hiram Bingham。旅客可一边欣赏沿途壮丽的安第斯风光，一边享受早午餐和现场音乐。此外，旅客将入住著名的 Sanctuary Lodge 一晚，该酒店与印加古堡近在咫尺。旅程的起点为利马，备有航程前后出发的选择，定价由每位 4 589 美元起。

Silver Galapagos 逢周六从巴尔特拉岛（Baltra Island）展开 7 天旅程，巡航一圈后于下周六返抵，分为西行及中北行路线。在此等远征旅程上，富探险精神的旅客可一睹这个长久以来被视为进化论自然实验室的原始野外天堂，开阔眼界。旅途包括免费岸上探险之旅，由经验丰富的远征探险人员带领（获加拉帕戈斯国家公园认证）。旅客将可近距离观赏丰富的野生生态，包括享受日光浴的陆鬣蜥蜴、象龟、蓝脚及红脚鲣鸟、色彩鲜艳的海鬣蜥蜴、海狮、企鹅以及著名的达尔文雀。END

2013《城影相间》摄影展——城市时代（上海站）

2013年7月15日，2013《城影相间》摄影展——城市时代（上海站）在梅龙镇广场一楼中厅盛大开幕，展览时间为期一周。本次参展的15位摄影师来自社会各行各业，他们用影像形式记录这个时代的城市，主办方中国城市规划学会城市影像学术委员会和心印象文化创意（上海）有限公司希望用这种视觉语言向最广泛的普通市民宣传城市规划，反映对当前城市发展的思考与批判。影展还将移步深圳、北京，并将于10月份在青岛举办的中国城市规划年会上进行公益拍卖。

高仪非凡体验 缔造优雅生活

2013年5月28日，在第十八届中国国际厨房卫浴设施展览会上，高仪带来4款全新产品，通过其全新产品与设计，展示了数字化和可持续性等卫浴设计趋势，为个人提供纯粹的身心舒适与伸展，助现代都市人以回归自然的方式排遣压力。

高仪领先科技的4款产品包括现代设计与经典美学交融、唤醒浓郁怀旧情结的高仪戈蓝达™系列；淋漓尽致展现“一键式淋浴”全方位体验的高仪保颂™系列；配合独特灯光、蒸汽和音响模块，单手指尖轻触即可将沐浴瞬间升华为卓越的独特水疗体验的高仪F-数码帝莱克斯系列；具有Easy Touch触控功能，可有效防御污渍和细菌的高仪明达TOUCH系列。

王小慧纳米摄影艺术展在沪举办

“无形——王小慧纳米摄影艺术展”日前在沪举办。首次在上海展出的王小慧纳米摄影艺术作品是她跨界艺术的又一次展览。王小慧在纳米艺术这个最新科技领域里选择了一个科技含量最小的方法，就是用高倍显微镜摄影。在束缚最少的时候，艺术家才可能发挥创造力与想像力，王小慧在纳米世界里的发现是她摄影艺术的新面貌新高度。玻璃碎粒，成了心理学学家无法解密的人体微电波；尘埃般的碳粉，有的像波光粼粼的海洋，有的如蜿蜒绵连的山脉……但这都不是艺术家刻意制作的，而是自然天成。最有意思的是每一个观众都会从这些画面生发出许多联想，读出自己的理解。因此，王小慧说纳米艺术是由艺术家与观众共同完成的。即使是科技含量最小的方法，王小慧的创作也离不开科学家和科学仪器的帮助。王小慧这批作品是她两年前在苏州拍摄的。苏州是中国最重要的纳米科技研究基地，具有世界最先进的研究设备。

USGBC重申对中国市场的承诺

2013年6月，美国绿色建筑委员会（USGBC）在中国主办了一系列由来自其总部高层和其来自世界各国的会员公司驻华代表、LEED专业证书获得者及当地绿色建筑专家参与的会议。USGBC高层再次强调对其全球第三大LEED绿色认证市场中国的长期承诺，以满足中国快速的城镇化进程和经济发展的需求，本地的LEED专业人士参会讨论了发展适应当地需求的合规路径替代（ACPs）举措。USGBC高层还讨论了一系列其他正在进行的倡举，包括：加快人员建设，更好服务中国市场；供应商验证项目帮助LEED咨询人员区分各类建材供货商的质量；预计在2013年年末发行LEED升级版本LEEDv4等。

CIID2013设计师峰会走进兰州

2013年6月21日~22日，由中国建筑学会室内设计分会（CIID）主办的CIID2013设计师峰会在兰州举办。期间先后举办了中国室内设计论坛、文化雅集及CIID公开课等活动。CIID2013年设计师峰会还将于2013年7月~11月，陆续到温州、重庆、龙岩、南通、南宁举办，最后于12月在哈尔滨年会上收官。

原田真宏在沪开讲

2013年6月28日，文筑国际再次联手同济大学建筑设计研究院（集团）有限公司、华鑫置业（集团）有限公司在同济大学建筑设计研究院一楼多功能厅举办“大师之旅”新锐建筑师系列讲演会的第三回，日本知名建筑师原田真宏受邀作主讲嘉宾，其自然环保的设计作品曾多次获各种国际大奖，被日本建筑业誉为最具潜力的建筑师之一。讲演会上，原田先生全面讲解了多件建筑设计作品，并提出了他对自然和建筑两者关系的新理论。历时两个多小时的讲演会给现场来宾带来了一场全新建筑与生态角度的文化交流盛宴。

演绎生活风格 品味室界艺术

2013年5月29日，由卫浴品牌美标与上海饭设计师俱乐部联合主办的“品味室界艺术”主题论坛在上海卓美亚喜马拉雅酒店举办。主办方力邀世界顶级设计师和建筑师——博雷克·西派克先生及美标亚太区首席设计师Khumtong Jansuwan先生担纲演讲嘉宾，与其他受邀的五十余位业内顶尖室内设计师面对面深入交流，分享前沿卫浴设计理念，探讨室界艺术。

‘设计+建筑’2013

励展博览集团在“100%设计”上海展、国际家居装饰艺术展基础上发展的‘设计+建筑’2013将于11月14日~16日在上海展览中心举行，这是一个一站式涵盖室内空间设计与室内装饰，办公空间及零售百货，绿色照明及木塑环保材料的宣传及采购平台。届时还将举办Andrew Martin国际室内设计大奖优秀设计师作品展、华人设计大师讲坛、The Haworth 100% Young Designer Award(海沃氏100%年轻设计师奖）以及多场针对办公空间、零售百货及商业照明的专业论坛。此外，励展博览集团正在推行特邀买家邀请计划（TAP），制造参展商与有采购意向的新客户面对面交流的机会。

纳索与德稻教育合作启动

Naço纳索建筑设计事务所近期宣布：将与德稻大师学院合作开展应用型非学历专业课程。这个项目旨在培育新一代中国创意人才。德稻设于北京与上海，为每个学科都特别甄选了专业导师，涉及学科包括设计、建筑、影视、动画、戏剧、文学和音乐。Marcelo Joulia作为纳索创办者，被委任为建筑与设计学院的导师之一。合作始于4月，纳索与Marcelo共同为2014年3月注册入学的学生定制了一套专注于材料的新兴和创意使用的“Marcelo Joulia大师课程”。学院不仅让学生享受到师从全球顶级建筑师的机会，还提供科研实验室以测试材料，并寻找可用于未来空间建构的理想材料。

和平饭店推“周末茶舞”

2013年夏季，上海和平饭店著名的周末茶舞将会重新登场，重温当年上海滩令人趋之若鹜的传统。茉·莉酒廊周末茶舞于6月29日开始，在每周六下午2时半至6时举行，再现1930年代风靡全上海社交圈的下午茶活动的璀璨和活力。当年，交游广阔的饭店创始人兼所有者维克多·沙逊爵士在茉·莉酒廊举办茶舞，因其贵族般的奢华氛围、现场演奏的悠扬乐韵、无与伦比的美味佳肴及舞者的华衣美服，成为1930年代远东的辉煌象征。今年夏天，宾客可穿越时空，重温上海滩最鼎盛时期的美梦，在夹层露台上管弦乐队现场演奏的悠扬乐声中，在茉·莉酒廊大理石地板上翩翩起舞。此外，专业的舞蹈老师将提供舞会舞蹈指导，让所有人都能参与到这个优雅的周末下午茶社交聚会中。

B&Z
北京八番竹照明设计有限公司
BEIJING BAMBOO LIGHTING DESIGN LTD
www.bld-bj.com

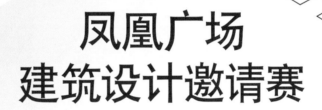